亂七八糟

您看看！
房間這麼亂……

搞不好遭小偷了！！！

等一下。
你是誰？

失禮了。我是
老爺爺的孫子，

叫春樹，是來見習
管家職務的。

見習？

您覺得小偷可
能會是誰呢？

是……
是我啦！

什麼？

我說……
是我弄亂的啦！

沒說錯吧？這裡
是小姐您的房間？

只有現在啦！等管
家爺爺回來，我再
請他幫我打掃。

房間凌亂代表
心情煩悶。

您最近是不是事事
不順呢？

嚇

啊，你好煩喔！！！

我要去真帆家
玩了啦！

也好，看了朋友的房間之後，說不
定會想要動手整理自己的房間……

3

目 錄

我們特地爲不太會整理房間的小朋友規劃了幾個布置房間的計畫表喔！

Lesson
1
任何人都可以布置出一個漂亮的房間
人人都會、簡單無比！房間打掃訣竅

Lesson **2**

先從打掃的基本原則開始

好好收拾、整理房間

我會突擊檢查的喔！
管家的填充測驗 ………… 66,96

提升等級Lesson
愛美小女孩的
校園用品整理技巧 … 108

Lesson
3

提升房間格調！
無敵可愛！室內裝飾講座

**特別附錄
裝飾標籤**

登場人物介紹

自從交了百華和眞帆這兩位朋友之後，凱琳每天都過得非常開心。
但是最近不知道怎麼了老是出錯。難道是房間太亂的關係……？

凱琳

脾氣雖然倔強，但
個性卻非常坦率的
小女孩。最喜歡和
百華與眞帆玩了！

管家（春樹）

尚爲高中生的實習
管家。替代管家爺
爺來到凱琳家，是
管家爺爺的孫子。

百華

個性溫和、笑容滿面
的萬人迷。對於小點
心製作及房間布置也
非常有興趣！

眞帆

運動神經相當發
達、個性活潑開朗
的小女孩。與百華
從小就是玩伴。

妳想要擁有哪種房間呢？

漂亮女孩的房間

布置目錄

現在的女孩子房間都布置的很漂亮喔！要不要看一下其他朋友的房間呢？

咦！？
朋友的房間嗎？
我要看！我要看！

漂亮女孩的房間 1

嗯？
凱琳，怎麼了？
進來、進來！

告訴妳！
剛剛管家跟我說……
哇～真帆的房間好漂亮喔！
雖然只有床和書桌，
但是簡簡單單的，
真的很像真帆的風格耶！

因為房間
可以展現自我風格呀！
妳要不要去百華的房間
看看呢？

要！我想去看♪

這個房間的女孩……
是位個性表裡如一，
活潑開朗、落落大方的小女孩

簡潔俐落風格
Simple

漂亮女孩的房間 2

哇啊～♡
百華的房間好可愛喔！

呵呵♡謝謝。
我對床
稍微挑剔一些♪

氣氛好柔和，
跟百華一樣！

我有很多朋友
房間都布置的很可愛喔！
我有照片，要看嗎？

要看！

這個房間的女孩……
散發著男孩子喜歡的溫柔氣質！
是位療癒系的小女孩

漂亮女孩的房間 3

妳看妳看！
有綠色植物
也挺不錯的，是吧？

對呀！
房間的氣氛
能讓人靜下心來。

而且讀書的地方
與休息的地方
還劃分的一清二楚呢！
她說讀書時不要看見床，
這樣比較能專心♪

原來如此～！
只要調整家具擺設，
讀書的心情
也會跟著改變呀！！

這個房間的女孩……

讀書玩樂都會全力以赴！
是個懂得從中取得平衡的資優生

14

漂亮女孩的房間 ④

喔！這個房間好像也不錯！

衣服和背包
都整理得非常好，是吧？
她說既然自己喜歡打扮，
那就乾脆把東西
秀給大家看♪

好厲害喔！
感覺好像服飾店。
不過仔細一看，
她房間裡的家具
還挺樸素的耶。
啊，難不成是因爲
衣服的顏色很花俏？

考慮的還真周到耶～！

這個房間的女孩……
是位個性爽朗、
懂得炒熱氣氛、
積極樂觀的小女孩

16

ABCDEFGHIJKLMN
OPQRSTUVWXYZ

漂亮女孩的房間 5

哇～這個房間也不錯耶！
統一使用黑色×粉紅色
感覺好成熟喔♡

這個圖案的壁紙也好好看喔！
我的房間要是也用這個
圖案的壁紙那有多好呀～

沒有喔～
這是我配合房間的氣氛
自己加上圖案的！

什麼？自己弄的？
好強喔！！

只要有壁貼，
一點都不難喔～♪

這個房間的女孩……
是位氣質穩重，
　大家眼裡的夢中小情人

18

漂亮女孩的房間 **6**

啊！
這個房間的風格
凱琳應該會喜歡喔！

哇～♡
這一整排都是
漂亮的串珠耶！
好羨慕喔～

因為凱琳妳喜歡手工藝呀！
有的人會像這樣以自己
的嗜好來布置房間喔♪
有人會以大海或森林為主題，
有些男孩子甚至會把房間
布置成太空船呢！

大家真的都很用心的
在布置房間耶～！

這個房間的女孩……

是位讓自己沉浸在
喜好之中的夢幻女孩

管家的小小煩惱諮詢室

打掃房間的疑難雜症就讓管家為大家解答吧！

From：不太會整理房間的人
主旨：我不懂……

為什麼房間一定要整理乾淨才行？

沒有人說「一定要整理乾淨」，但是妳不覺得房間要是太亂的話，東西反而會很難找嗎？房間要是能夠整理的乾淨一點，這樣看起來不僅清爽舒適，找起東西來也不會浪費太多時間，這樣多出來的時間就能用來做自己想做的事，妳不覺得好處多多嗎？

From：K
主旨：我做得到嗎？

我的房間其實比狗窩還要亂。像這樣沒有打掃天分的我，也能布置出一個可愛的房間嗎？

當然可以。打掃房間是不需要天分的。只要有幹勁，掌握訣竅，不管是誰都可以把房間打掃得乾乾淨淨，布置出一個可愛的房間，更是不成問題喔！

有人問：
「管家有沒有女朋友呢？」

只回答和打掃布置房間
有關的問題喔！

任何人都可以布置出一個
漂亮的房間

人人都會、簡單無比！
房間打掃訣竅

想要布置出一個可愛的房間，就要先把房間打掃乾淨。
只要好好掌握訣竅，打掃房間不是難事。
就讓我們設定目標，先從瞭解掃除方法開始吧♪

大家的房間都好可愛喔——

我的房間也想布置的跟她們一樣可愛！

您回來了。
看來您已經開始對打掃整理有興趣了。

那麼
我們恐怕必須趕在睡衣派對之前把房間整理一下，還要布置得可愛一點才行。

可是我不太想布置成可愛風格……

您喜歡什麼風格呢？

嗯……
我覺得這個很酷！

典雅風格的房間呀……可是沒有書桌，凱琳小姐的房間應該不適合布置成這個樣子吧？

那些上傳到 SNS 的
畢竟是別人的房間，
直接模仿雖然不成問題，
但未必適合自己喔！

與其如此，
不如先從
瞭解自己這一點
開始下手！

好，
就這麼辦！

25

妳想成爲什麼樣的女孩呢？

明白打掃房間的目的

嗯？目的不就是要把房間打掃乾淨嗎？

那我們就來想想自己在這個乾淨的房間裡做什麼、想在什麼樣的房間裡度過自己的時間。目標越具體，布置起來就會越順手，而且還會越來越起勁喔！

呃⋯⋯？

要是沒有什麼概念的話，那就想想「自己打算要成爲什麼樣的女孩」，並且試著想像理想中的自己會想要在什麼樣的房間裡生活吧！

想像一下理想的自己、夢想的房間

在打掃房間之前，先整理一下自己的想法吧！妳想成爲什麼樣的女孩呢？理想中的自己會在房間裡做什麼呢？想在房間做的事情只要越具體，布置房間時就會越有概念喔！

整理思緒時，我們也可以試著把想到的事情寫下來。就請大家拿起筆，把願望寫在右頁這張計畫書中吧！

✏ 理想女孩的房間布置計畫書

1 想要成為什麼樣的女孩呢？

想想自己想要成為什麼樣的女孩吧！
右邊是推薦的房間風格。

> 建議的房間
> 布置風格是……

☐ 做事乾脆、帥氣十足的女孩子 ➡ **簡潔俐落風格** 第10頁

☐ 溫柔體貼的可愛女孩 ➡ **可愛女孩風格** 第12頁

☐ 穩重大方的領導人物 ➡ **療癒自然風格** 第14頁

☐ 活潑開朗的風雲人物 ➡ **時尚休閒風格** 第16頁

☐ 成熟迷人的女孩 ➡ **潮酷&可愛風格** 第18頁

☐ 專心一意的超級女孩 ➡ **興趣洋溢風格** 第20頁

2 想在房間做什麼？

自己想在房間裡做什麼呢？把它寫下來吧（例如／找朋友來玩、想要用功讀書）

🖐 1 與 2 加起來之後……

ㄑ 妳心目中的房間就是 ㄑ

↓寫下 1 的房間風格

_____ 風格

↓寫下 2 的「想在房間做什麼？」

可以 _____ 的房間

> 凱琳心目中的房間是療癒自然風格、
> 可以和朋友開睡衣派對的房間！

> 爲什麼房間會一團亂？

不打掃房間的理由是什麼？

> 呃……現在是要我面對自己的缺點嗎？

> 不是啦！
> 每個人都有無法打掃的理由。
> 只要知道理由，打掃起來就會更有效率。
> 而最常聽到的理由大多是這兩個。

說穿了！

理由 1　就是東西太多

房間凌亂的理由之一，就是東西已經多到沒有地方可以收。那麼東西爲什麼會這麼多呢？會出現這種情況的人通常有兩種。

人家就
捨不得丟呀！ 型

大家是不是覺得東西「丟了很可惜」、「總有一天會用到」，結果就越堆越多了呢？愛惜東西固然是件好事，但東西要是囤得太多，到頭來搞不好會通通都用不到喔！

不小心就
亂買東西 型

最愛買東西，不買就不甘願。這樣的女孩如果是因爲想要擁有那些東西才買的話那就算了，但是有些東西其實是用不到的……，而且這些東西擺在房裡通常只會讓它長灰塵的。

理由 2 就是會 到處亂丟東西

東西明明不多，但就是沒有辦法打掃整理的原因，往往在於「東西四處亂丟」。不過每個人亂丟東西的理由都各不相同，而這些人大致可以分為四種。

借放一下嘛！
走到哪丟到哪 型

說完「借放一下」這句話之後就把東西丟在椅子上不管，而且一放就是好幾天的人就是屬於這種類型。明明有地方可以把東西收起來，但通常不會善加利用。

夢想很美……
想到才會打掃 型

基本上是一個非常愛美的人，只要心血來潮，就會設法把房間布置的美輪美奐，但是嫌麻煩的本性卻無法讓整潔的房間維持下去，到頭來終究逃不出凌亂的命運。

眼不見為淨
找到地方就塞 型

其實很愛乾淨，只要東西掉在地上就會立刻收到抽屜裡的類型。但收的時候只是把東西塞進去，抽屜裡頭根本就是一團亂。

這樣很方便呀
粗枝大葉 型

造成房間亂七八糟的原因太多了，已經不知該如何處理的類型。房間雖亂，但卻不覺得困擾，搞不好還覺得「這樣找東西不是很快」。

那麼我們就進入下一頁診斷吧！

我是屬於哪種類型呀……？

妳是屬於哪種類型呢？

接下來要從我們的行為模式來看看自己是屬於哪種凌亂類型。若是有符合的行為，可別忘記在前面打勾喔！

凌亂類型診斷測驗

A
- ☐ 很久以前喜歡的人物周邊商品到現在還留著
- ☐ 雜誌和繪本捨不得丟
- ☐ 喜歡的衣服就算穿不下也要留下來
- ☐ 玩具贈品堆積如山
- ☐ 朋友寫給自己的信都會留下來

B
- ☐ 只要東西便宜，就算用不到也會想買
- ☐ 最喜歡去百元商店了！
- ☐ 最喜歡買東西了！
- ☐ 只要人家給，就會先收下再說
- ☐ 會想要買新的東西

C
- ☐ 書桌上總是堆滿東西
- ☐ 電視和電燈老是忘記關
- ☐ 書看完往往會隨手亂丟
- ☐ 常常因為忘記東西放哪裡而拚命找
- ☐ 用不到的課本不抽出來，每天全都帶到學校去

D
- ☐ 室內鞋帶回來之後有時會忘記洗
- ☐ 雖然喜歡室內裝飾，卻從未布置過房間
- ☐ 不太擅長美勞或手工藝
- ☐ 動不動就放棄
- ☐ 覺得就算沒有安排行程，事情也是可以進行下去的

E
- ☐ 小東西通通丟到抽屜裡就好了
- ☐ 只要打開抽屜或櫃子，東西就會掉下來
- ☐ 有時抽屜會被裡頭的東西卡住而打不開
- ☐ 衣服明明有收好，但就是會皺得像抹布
- ☐ 不拘小節

發表結果～♪

A～E當中勾選項目最多的那一個就是自己的類型。要是全部都打勾的話，那麼就是 F 型。

妳的
凌亂類型是……　☐　型

30

＊「凌亂類型診斷測驗」資料來源：日本生活規劃協會的監修內容

各種凌亂類型注意之處總整理！

Ａ 捨不得丟 類型

其實妳並不是不曉得東西要怎麼收拾，而是東西多到讓妳不知道該怎麼處理。既然如此，那就從減少東西開始動手，先把東西分為「用得到」及「用不到」這兩種吧！→參考 38 頁喔

Ｂ 亂買東西 類型

先想一想那些必需品究竟要準備多少才夠用。筆記本除了正在用的這一本，還需要幾本才夠？外出的背包要幾個才不會嫌少？只要有一個具體的數字，就能更容易判斷自己到底需不需要這個東西。不過在買之前，要先確認是否有地方收納。

Ｃ 隨手亂丟 類型

「等一下」通常是導致凌亂的禍源。只要把「等一下」改成「馬上來」，兩三下就能讓房間清潔溜溜。要是懶得走到東西的收納位置，準備一個可以隨時收納的空間也不失為一個好方法。

Ｄ 想到才會打掃 類型

嫌麻煩的妳遇到那些規定瑣碎的收納方法時，應該是無法持之以恆。我們的目標是擁有一個漂亮又整齊的房間，那麼就要找到一個簡單又適合自己的收納方法，沒必要參考那些「懂得打扮的人推薦的收納方法」喔！

Ｅ 有地方就塞 類型

乍看之下好像很乾淨，但是到最後卻忘記東西收到哪裡，這樣和亂丟東西有什麼兩樣呢？所以我們要重新思考收拾東西的方法，看看「東西要怎麼收，這樣用的時候才會拿的順手」。

Ｆ 粗枝大葉 類型

不知從何整理時，最好的方法就是先減少東西。只要把用不到的東西整理出來，房間應該就會變得清爽許多喔！

我是隨手亂丟的Ｃ類型！

31

打掃方法也有分適合與不適合？

知道自己的打掃類型

打掃類型？什麼意思呀？
是指擅不擅長打掃嗎？

不是這個意思。
這就好比我們人有右撇子、左撇子之分，
就算是打掃，每個人也都有各自的「好方法」。
所以只要找到適合自己的方法，
房間打掃起來就會輕鬆許多喔！

說的也是……

打掃類型可以分為兩種！

一種是大致整理就好的「大而化之型」，一種是每個細節都要詳細規定，這樣整理起來才會順手的「井井有條型」。要是覺得打掃房間是一件非常痛苦的事，那麼有可能是因爲我們所屬的打掃類型與收納整理系統不合。所以就讓我們先瞭解一下自己所屬的打掃類型，進而找到適合自己的掃除方法。

大而化之 型
靈感十足，喜歡自由發揮！

井井有條 型
充滿理性，比較注重細節！

妳是哪一種呢？

打掃類型檢查表

在符合自己行為或想法的項目前打勾。勾選項目較多的那一個就是妳的打掃類型！

大而化之型 的人……

- ☐ 既然要做，就要一口氣做完！
- ☐ 功課來得及明天交就好
- ☐ 暑假只想隨心所欲，不想安排計畫
- ☐ 有辦法一邊聽音樂，一邊看書，也就是「一心多用」
- ☐ 書會從有趣的地方開始看
- ☐ 聯絡簿的聯絡事項回到家之後，不用看也會記得寫了什麼
- ☐ 喜歡四處寫功課、讀書
- ☐ 東西買來之後會想先試用再說，而不是先看說明書
- ☐ 每天寫日記是一件非常痛苦的事

井井有條型 的人……

- ☐ 喜歡慢工出細活
- ☐ 想要先把功課寫完再慢慢玩
- ☐ 暑假會先訂好計畫，讓生活更充實
- ☐ 容易專注在某一件事上
- ☐ 書習慣從第一頁開始慢慢看
- ☐ 每天都會確認聯絡簿寫了什麼事情
- ☐ 習慣在固定的地方讀書
- ☐ 新買的東西會先看說明書再使用
- ☐ 喜歡每天寫日記

適合這兩種人的打掃訣竅請看下一頁。

大而化之型的打掃訣竅

訣竅1

善用色彩與圖片
讓收納場所一目了然

屬於這種類型的妳擅長憑直覺觀察整體，不妨將東西固定收在一看就知道「要收到這裡！」的地方。把東西收到箱子裡的時候也是一樣，我們可以在箱外貼上照片或圖片，甚至按照不同顏色來區分種類。

訣竅2

收納東西的方式
迅速為佳

打開櫃門，拉開抽屜……太花時間的收納方式應該會讓妳覺得很麻煩。既然如此，那我們就改用動作少一點、收拾起來快一點，例如「丟到籃子裡就好」的收納方式，這樣比較容易持續下去。

訣竅3

利用開放式收納
布置出可愛房間

屬於這個打掃類型的女孩喜歡的東西通常都很明確。既然如此，那就採用開放式的收納方式，兩三下就能把東西收拾乾淨，而且還能利用喜歡的東西布置房間，這樣心情就會更好！

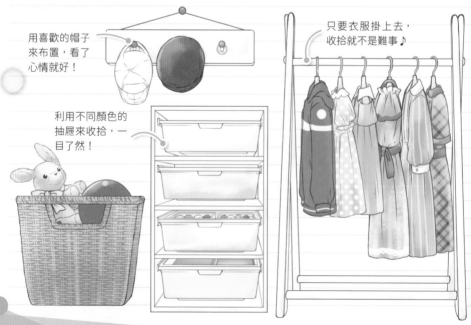

用喜歡的帽子來布置，看了心情就好！

利用不同顏色的抽屜來收拾，一目了然！

只要衣服掛上去，收拾就不是難事♪

井井有條型的打掃訣竅

訣竅1

只要房間整齊畫一
井然有序
心情就會暢快無比

做事喜歡按部就班、遵循規則、個性較為嚴謹的女孩子在收拾東西時要是能夠把東西整理得井然有序，看起來清爽舒適，就會覺得非常滿足。顏色及質感若能統一的話會更好。

訣竅2

仔細分門別類
決定擺放位置

覺得「要是能明確規定東西擺放的位置，這樣收拾的時候就不會亂收」的人，不妨也將抽屜裡的空間細分成數格，按照東西的類別劃分空間，這樣拿取的時候不僅順手，更不需要浪費時間找東西。

訣竅3

貼上文字標籤
輕鬆物歸原位

收納空間仔細劃分之後只要貼上標籤，這樣就能輕易掌握東西的所在位置。 大家可以善用文字標籤，這樣會比使用圖片或照片更清楚。

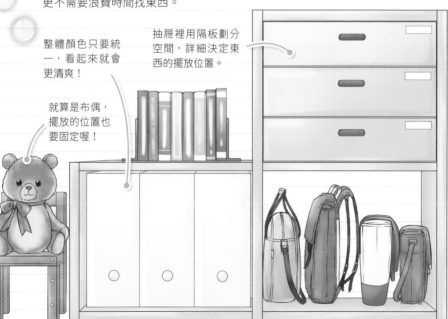

整體顏色只要統一，看起來就會更清爽！

抽屜裡用隔板劃分空間，詳細決定東西的擺放位置。

就算是布偶，擺放的位置也要固定喔！

其實很單純喔！

記住打掃的基本原則

我的凌亂類型是「隨手亂丟」，
收拾類型是「井井有條」呀⋯⋯
那我是不是只要在可以立刻收拾的地方
詳細決定東西的收納位置就好了呢？

聰明！
那麼在打掃之前，
先讓我們知道一下整理的順序。
要記住的只有三個步驟！
只要按照這三個步驟，不管房間有多亂，
都能整理得乾乾淨淨、清潔溜溜。

打掃整理三步驟

Step 1

歸類

先把四處亂丟的東西
集中在一處，分門別
類之後只留下用得到
的東西。→相關細節
可參考 37 ～ 39 頁

Step 2

收納

決定 Step 1 整理過後剩
下的東西要收到哪裡、該
怎麼收。→ 相關細節可
參考 40 ～ 41 頁

Step 3

維持

在自己的能力範圍內決
定打掃規則，讓房間常
保整潔。→相關細節可
參考 42 ～ 43 頁

歸類

篩選出用得到及用不到的東西

所謂「歸類」，意思就是先把手上的東西分成「要」及「不要」兩種，然後再把不要的東西全都處理掉。這麼做的目的並不是為了減少東西，而是要把自己今後會用到的東西全都篩選出來的一個重要步驟。

要怎麼歸類？

分類
↓
篩選
↓
斷捨離

首先是 分類

先按種類分類

房間凌亂不堪，其實就表示自己根本無法掌握什麼東西有多少，是吧？所以我們首先要將散落在各處的東西按照共同使用的情況來分類，之後再確認這當中有多少是自己的，這樣說不定就能找出重複的東西喔！

我們可以試著這樣分類！

學校的東西　文具用品　嗜好用品　紀念品
↓
在各大分類中繼續細分種類
↓
重複的東西要斷捨離

光是將東西分類就足以讓房間看起來相當清爽喔！

再來是 篩選

將用得到及用不到的東西分開來

確認一下已經分類的東西，將「要的東西」與「不要的東西」分開來。若是不知道這個東西到底「要」還是「不要」，那麼就試著以「用的到」及「用不到」這個標準來分類。不過「用不到的東西」未必等於「一定要丟掉的東西」，總之我們先按照下面這個表格將東西排上順位吧！

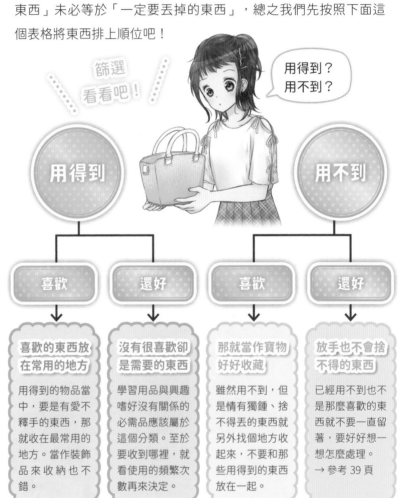

篩選看看吧！

用得到？
用不到？

用得到

用不到

喜歡	還好	喜歡	還好
喜歡的東西放在常用的地方	**沒有很喜歡卻是需要的東西**	**那就當作寶物好好收藏**	**放手也不會捨不得的東西**
用得到的物品當中，要是有愛不釋手的東西，那就收在最常用的地方。當作裝飾品來收納也不錯。	學習用品與興趣嗜好沒有關係的必需品應該屬於這個分類。至於要收到哪裡，就看使用的頻繁次數再來決定。	雖然用不到，但是情有獨鍾、捨不得丟的東西就另外找個地方收起來，不要和那些用得到的東西放在一起。	已經用不到也不是那麼喜歡的東西就不要一直留著，要好好想一想怎麼處理。→ 參考 39 頁

決定用不到的東西該怎麼處理

雖說要「斷捨離」，不過方法並不是只有丟棄。就算這些東西已經用不到了，從以前就非常珍惜，或者是狀況還不錯的物品應該會有人非常樂意接收，所以我們可以送給有需要的朋友、拿到跳蚤市場賣，甚至讓二手店收購。

可以讓二手店收購的物品……

- ☐ 沒有破損或缺頁的書本及漫畫
- ☐ 毫無故障、還可以用的玩具或電器用品
- ☐ 乾淨沒有汙垢的衣服或背包
- ☐ 還沒用過的文具用品

玩具以及書本可以捐給相關單位時，記得先問問對方接收時有沒有什麼條件喔♪

ADVICE

猶豫不決的時候
就想像理想的自己是什麼模樣吧

不知道東西到底該不該留時，不妨回想一下我們在第27頁提到「理想的自己，理想的房間」，盡量只留將來適合自己使用的東西。

收納

想一想東西要收到哪裡？要怎麼收？

想要留下來的東西選好之後，接下來就要收到可以隨拿隨用的地方了。那麼這些東西該收到哪裡，這樣要用的時候才會方便呢？要怎麼做房間才會方便打掃呢？先讓我們決定好收納的地方，之後再來想想東西要怎麼收納。

東西要怎麼收呢？

決定東西的固定位置
↓
想想收納方式

首先要 決定東西的固定位置

想想東西要收到哪裡

先決定這些東西要「收到哪裡」。不過使用的地方與收納的地方最好不要距離太遠，否則用完之後會懶得收拾。基於順手好拿及容易收拾這兩個考量，最好的方法就是在使用東西的附近順便找個空間收納！

訣竅1

東西使用地點的附近

學習相關的物品可以收在書桌附近，衣服及裝扮配件就放在更衣處旁，整個房間按照使用目的劃分區域應該不錯。

訣竅2

考慮慣用的那隻手

用慣用手拿東西通常會比較順，所以常用的東西就收在慣用手那一側吧！

訣竅3

常用物品的位置優先決定

先想想常用的東西要收在哪裡。抽屜的話就放在慣用手的前方，衣櫥就放在和視線同高的地方，這樣東西在拿的時候才會順手喔！

想一想東西要怎麼收

收納的地方決定好之後，接下來就要想一下什麼東西（收納物品）要怎麼收。最重要的就是要配合自己的打掃類型來思考收納方式。不管是大致收拾或仔細分類，所屬的打掃類型不同，需要收納的物品也會跟著改變喔！

訣竅1

根據自己的打掃類型選擇適合的收納方式

基本上，就算自己的收納方式是配合「大而化之」的打掃類型，但是遇到興趣嗜好等想要仔細分類的物品時，收納的順手程度有時反而會因為擺放的空間與物品不同而跟著改變。因此我們要多加摸索，盡量選擇一個適合自己的方法！

大而化之型？

or

井井有條型？

訣竅2

購買收納用品時一定要先測量尺寸

尺寸不合的隔板與收納盒不僅難用，到最後反而會連東西都放不進去。所以我們一定要確認尺寸，盡量準備大小剛好符合擺放空間或容納得下該物品的收納用品。

最好選擇
可以追加的基本款

擺放在顯眼的位置時
不妨挑選
賞心悅目的款式

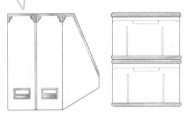

維持

想想如何讓房間常保整潔

經過一番「歸納」、「收拾」，把房間整理好之後，整個環境應該會變得非常乾淨。不過事情還沒結束喔！因為只要時間一過，東西就會變多。房間若想常保整潔，那麼我們就要自己訂立打掃規則，並且不斷地持續下去。

怎麼維持呢？

訂下打掃規則

↓

定期整理東西

首先要 訂下打掃規則

養成收拾的好習慣

生活方式要是和以前一樣沒有改變的話，那麼辛苦整理的房間豈不是過沒多久就會被打回原形？所以我們要試著想一些可以輕鬆維持下去的打掃規則，例如東西用過之後一定要放回原位，或者是每天安排一個打掃時段，才能讓房間常保整潔。

再來是 定期整理東西

每年檢視物品一次

過了一年之後應該會出現穿不下的衣服，就連課本也會換新的或者是變多，所以我們最起碼每年要從步驟一的「歸納」重新檢視自己的物品一次喔！

詳細內容請看 151 頁的 Lesson 4。

接下來要為大家介紹
有助於維持整潔的**標籤創意**！

一看就知道東西
該收到哪裡！

標籤創意

明明已經選好收納東西的地方，但是動不動就忘記，或者
是做事常常敷衍了事的人，我們會建議用貼標籤的方法來
幫助自己。只要決定好收納位置，直接貼上標籤，這樣就
能隨時提醒自己東西要收到哪個地方！

創意1 照片標籤

利用好幾個一模一樣的箱子收納物品時，不妨
在上面張貼一看就知道裡頭收了什麼東西的照
片。這個方式非常適合用在不易用文字說明的
玩具或鞋子之類的物品。

創意2 圖片標籤

一看就知道裡頭收的是什麼東西、但是感覺卻
比照片還要可愛的就是圖片標籤。貼在五斗櫃
或者是固定收納文具的地方應該不錯。

創意3 文字標籤

印象不如照片或圖
片強烈的文字標籤適合
貼在不想太過顯眼的
地方，或者是想要展
現時尚感的時候。

這樣就可以天下無敵！？

愛上打掃房間

愛上打掃房間呀……
想是這麼想啦……

覺得自己是一個「不太會打掃」的人，通常都是受到先入為主的觀念影響。眼前的房間明明亂七八糟，就只是因為腦子裡一直想著「自己不會打掃」，結果整個人失去打掃的意願，這樣只會讓房間越來越亂，到最後反而會陷入「無法打掃收拾的惡性循環」之中。

無法打掃房間的惡性循環

凌亂的房間

我沒有辦法整理

已經不想打掃了

那麼要怎麼樣才能脫離這個無法打掃房間的惡性循環呢？

可以先從找個地方把它整理乾淨這件事開始。有了「做得到」的自信，就會愛上打掃，也會更喜歡自己。要是帶著愉快的心情去做的話，打掃起來會更有效率喔！

某個地方常保整潔，讓自己愛上打掃！

對於那些自認為不太會打掃的人來說，突然要他們把整個房間打掃乾淨簡直比登天還難。與其如此，不如先要求他們試著把常常看到的某個地方整理乾淨，例如書桌或睡床。只要先鎖定某個地方，每天維持整潔應該不成問題。只要對打掃有了自信，覺得自己「有辦法好好整理」時，對於打掃這件事的觀念也會跟著改變。

先這麼做做看吧！

開始

某個地方常保整潔

其他地方也想要整理得乾乾淨淨

習慣看到「乾淨」

做到了！我可以的！

ADVICE

多累積一些「我做到了」的體驗

「我做不到」、「我不喜歡」的念頭往往會霸占心頭，久久揮之不去。若要扭轉「我不太會打掃」這個想法，那麼就要多多體驗「我做到了！」所帶來的愉悅心情。

管家的小小煩惱諮詢室

打掃房間的疑難雜症就讓管家為大家解答吧！

From：喜歡打扮的人
主旨：一直想買東西

我的「凌亂類型診斷」結果是「亂買東西」型。但我就是會忍不住想要買東西，這要怎麼辦才好呢？

要不要把購物的目標要放大一點，例如「買電腦」，然後試著把錢存下來呢？有了想買的東西，這樣說不定就不會亂花錢了喔！

From：大而化之的人
主旨：雖然做了打掃類型診斷

我媽媽的「打掃類型診斷」結果是「井井有條」型，所以我常常被她罵說「不是這樣打掃的」，但我是「大而化之」型的人呀！

哇，那真的很慘耶！妳要不要把這本書拿給媽媽看，讓她知道妳們的打掃類型不一樣呢？

From：小玲
主旨：什麼時候開始就要自己打掃呢？

我的房間幾乎都是爸爸媽媽幫我整理的。那從幾歲開始大家就會覺得自己不會打掃房間是一件丟臉的事呢？

這跟年齡沒有關係喔！畢竟總有一天我們還是要自己打掃房間，不是嗎？既然如此，那要不要從今天開始呢？

46

Lesson

2

先從打掃的基本原則
開始

好好收拾
整理房間

知道打掃的步驟之後，接下來就是實際行動！
每個地方的東西都要好好整理
而且還要制定一個方便收拾的打掃系統★

因為平常都是管家爺爺幫我打掃的……

凱琳小姐，恕我說話失禮。您的房間之所以會跟垃圾場一樣亂，

不就是您自己沒有好好收東西造成的嗎……

咳

打掃整理的時候，要想一下適合自己的收納方式，這樣房間才能常保整潔，打掃起來才會比較開心喔！

整理整頓

要從哪裡開始才對呢？

你說要自己打掃……
那要從哪裡開始動手呀～（汗）

坦白說，該從哪裡開始打掃這件事可是比想像中的重要。首先我們要從自己專屬的空間，也就是只放自己東西的地方當中，選出一個最常使用的角落。

整理整頓要從自己專屬的空間開始

第一個最適合整理整頓的，就是兩三下就能打掃乾淨的地方！要是突然從篩選東西開始的話，幹勁有可能會受到選擇困難而受挫。所以我們要從可以自己決定「要」或「不要」，而且還是專屬自己的地方開始。而在這個專屬於自己的地方當中，建議大家挑選一個每天都會用到的空間，因為這樣比較容易得到「整理得很乾淨」的成就感，進而想要順便整理其他地方。

我們也可以自訂一個計畫，決定好打掃的優先順序以及打掃完畢的預定時間。大家可以先在右頁的計畫筆記中寫寫看。

書桌？

衣櫥？

書櫃？

收拾整理計畫筆記

優先順序 第1

每天活動(或者是想要使用)的地方當中,
有哪些空間只放自己的東西? 例如:書桌

目標 _____ 以前要整理好!

↑寫下一個期間當作目標,告訴自己什麼時候要整理好。

優先順序 第2

其他專屬自己的空間是哪裡? 例如:書櫃

目標 _____ 以前要整理好!

優先順序 第3

一邊和爸媽商量、
一邊整理的地方是哪裡? 例如:衣櫥裡的衣服

目標 _____ 以前要整理好!

好好整理，心情舒暢！

Part 1 收拾整理讀書區

好奇怪喔……
明明是書桌，
怎麼跟功課無關的雜物那麼多呀？

還記得我們在第 36 頁介紹的「打掃整理三步驟」嗎？
我們可以先從 Step 1 的「歸類」作業開始動手。先
將書桌周圍以及抽屜裡的東西通通拿出來，然後再按
照項目分門別類！

Step1 歸類 按照東西的項目及使用場所來分類

讀書區的東西在按照項目分類的同時，若能順便根據使用場所加以
歸納的話，使用的時候會更加順手、更好整理喔。

學校會用到的東西

教科書、筆記本、講義

把學校現在正在使用的教科書、
筆記本及講義整理好。舊東西
的整理方式請參考第 54 頁。

學校用品

上課時會使用到的物品。
例如畫具、書法用品、直
笛及縫紉工具。

在家會用到的東西

參考書、辭典、評量本

在家使用的參考書、辭典、百科全書及評量本要與學校的東西分開。

線上自學教材

線上自學課程的教材也順便歸納成「線上學習組」。

文具

鉛筆及橡皮擦等

還沒使用的文具收在儲物盒裡。這樣一看就知道,哪些東西已經用完了,非常方便。

鉛筆、橡皮擦、剪刀、訂書機、糨糊膠水、紙膠帶等在家讀書時可能會用到的文具用品通通都放在一起。

補習班及才藝班的東西

補習班的教材及才藝班的物品

補習班及才藝班所使用的東西要與學校及家裡的分開,不要放在一起。

其他

和學校及讀書無關的東西

漫畫、小說、布偶、首飾配件等物品

除了想要用來裝飾的物品,其他的都收到別的地方去吧!

學校會用到的東西
要定期檢查整理

學校每個學期或每個學年要用的東西通常都不一樣,若是丟著不處理,過沒多久就會沒有地方收納。因此我們每個學期都要勤於把這些東西歸類,整理成「要留下的東西」及「該處理的東西」。

要留下?該處理?學校用品檢查一覽表

	要留下	該處理
以前的 教科書	·上個學年的教科書 ·地圖集等可以當作資料善加利用的東西 只要是需要多看幾次的教科書,就算不是上一個學年的東西也要留下來。	·應該不會再用到的教科書 美勞及音樂等教科書應該都不會再看了吧?
過去的 筆記	·這個學年的筆記 ·今後想要參考的筆記 這個學年的筆記可能還會再多看幾次,所以先不要丟。	·上個學年的筆記(覺得自己應該不會再看了) ·生字練習簿 生字練習簿及空白作業簿丟掉也不會怎麼樣!
講義	·這個學年發的學習講義 很多講義讀書時都可以參考,所以要按照科目歸檔保管。	·已經過期的聯絡單 ·上個學年發的講義 用不到的講義就處理掉吧!

	要留下	該處理
考卷	·這個學年的考卷 按照科目歸類，複習時可以派上用場。	·上個學年的考卷 考卷在複習過後基本上就可以處理掉了。
在學校完成的作品	·滿意的作品 ·充滿回憶的作品 決定好收納空間，只留下夠容納的數量。	·沒有什麼依戀的作品 ·已經毀損的舊作品 捨不得的話可以拍照留念。
獎狀	·大會上得到的獎狀 ·各種證書（可以證明某個事實的證書，例如畢業證書） 除了裝飾，也能收到獎狀收集冊裡保存，有效節省空間。	·小獎狀（鼓勵獎或全勤獎） 小獎狀若是覺得不需要留下紀念，那就處理掉吧！
學用品	·學習時會用到的工具 畫具、書法用品、縫紉工具、雕刻刀等物品上了國中之後應該還用得到，所以要留下來。	·舊帽子或舊名牌 ·已經穿不下的體育服或室內鞋 要是買新的，舊的就要順便處理掉。

想一想書桌周圍要怎麼擺設

讀書會用到的東西歸類好之後,接下來就放在順手好拿的地方。大家都是在哪裡看書、寫功課的呢?如果是坐在書桌前的話,那麼就把這些和學習有關的東西放在書桌旁。自己要動動腦,想想東西要怎麼放,用的時候才會順手。

> 習慣在客廳讀書寫功課的人請參考 62 頁。

擺設靈感 1

經常使用的東西放在好拿的地方

一開始先決定常用物品的固定位置。像經常使用的筆記用品及書本要放在坐著時伸手就能拿到的地方。

擺設靈感 2

學校要用的東西與除此之外的東西分開放

學校、補習班及線上課程等要用的東西都要分開收納。只要好好歸類,上學或是去補習班上課時,準備起來就會很輕鬆。

擺設靈感 3

留意自己慣用的那隻手

用慣用手拿東西通常都會比較方便,所以常用的東西要放在慣用手這一側,這樣拿東西才會順手♪

> 接下來要為大家介紹我所想的擺設技巧!

善用桌面
五大擺設技巧

技巧1

常用的資料貼在前方牆壁的板子上

釘在牆面上的板子可以用來張貼行事曆或學校發的注意事項。而不可以忘記的事情寫在便條紙上之後貼上去就好了！

技巧2

筆筒不要放在書桌上！

常用的鉛筆與其他筆要放在筆筒裡才好拿。可是筆筒放在書桌上會占空間，所以我們可以在板子上釘上掛勾，然後再把筆筒掛在上面。

技巧3

教科書放在移動式書櫃裡

學校的教科書及讀書時會用到的辭典或參考書統一放在活動式書櫃裡，這樣也能當做側桌善加利用喔！

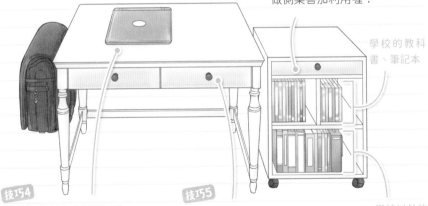

學校的教科書、筆記本

學校以外的學習用品

技巧4

平常書桌上只擺電腦

經常使用的電腦要隨時擺在書桌上，其他東西平常就不要拿出來。只要書桌乾淨，讀書就會比較容易進入狀況喔★

技巧5

抽屜專門放文具

慣用手這一邊的抽屜要放正在使用的文具！另外一邊的抽屜則是用來收納庫存的文具。想要使用整個桌面時，就把筆電收到這裡吧！

讓抽屜用起來更順手
四大擺設技巧

技巧1
善用隔間
在抽屜裡隔出空間，讓收納
的地方一清二楚，盡量不要
讓裡頭的東西亂七八糟。

技巧2
預留空間
抽屜裡的東西放七成就好，
太多的話反而不好拿。

偶爾使用

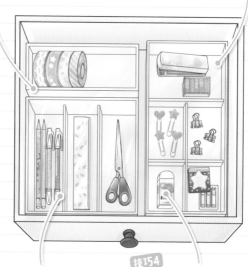

經常使用

技巧3
常用的東西放前面
最常用的東西要放在
抽屜前方及慣用手這
一側。

技巧4
東西盡量不要疊放
疊放時壓在下面的東西不僅不好
拿，有時還會找不到，所以基本
上每個空間只放一種東西。

讓分隔的空間更好用！

就算原本的抽屜已經分隔開來，對自己來說卻未必好用。這時候我
們可以善用空盒子或是在百元商店買到的隔板，配合想要收納的東
西來分隔空間。

配合書桌抽屜高度 五大擺設技巧

 技巧1

配合抽屜高度，調整收納物！

書桌通常都會有各種高度的抽屜，所以物品要配合抽屜的高度來收納，這樣才能物盡其用。

技巧2

慣用手那一側的抽屜用來放文具 ※ 右撇子的人

這個地方最適合放常用的文具。

技巧3

身體前方的抽屜要空出來

這個抽屜必須拉開椅子才能拉開，所以不適合收納常用的物品。平時我們可以把它空下來，若要暫時把寫到一半的功課或者是看到一半的書收起來，這樣就能派上用場了！

技巧4

中段的抽屜主要放較大的文具

體積較大或是庫存的文具、電子辭典、音樂播放器，以及筆記型電腦等電器用品不妨放在這裡。

技巧5

較高的抽屜用來放書本或講義

最高的抽屜可以用來收納較重的書本或者是想要保管的講義。但是這些東西疊放的話會很難拿，所以要盡量立著收納。

書桌布置範例

書桌這一區基本上只要自己覺得好用就 OK！接下來我們要介紹幾個配合自己想做的事，花些巧思整理書桌周圍的收納範例。

色筆整齊排在桌前
營造插畫家的氣氛！

如果妳是一個愛畫畫的女孩，那我們要大力推薦將色筆整齊排在桌前的收納方式。只要在書桌前的牆壁上釘上一根橫桿，將掛勾收納籃掛在上面就好了喔！

利用洞洞板
自由發揮

只要在書桌前掛上一
塊大大的洞洞板，就
能自由收納及陳列，
並且讓自己在被喜愛
事物包圍的空間下盡
情享受嗜好！

越是簡單越能專心！

想要專心做某件事時，最好
的方法就是準備一張桌面上
只有基本必需品的簡單書
桌。而背靠牆壁的書桌擺設
更是讓人覺得自己像是一個
擁有專屬辦公室的大人。

讀書區的 Q & A

「我想要知道更多！」整理讀書區的疑難雜症

Q 家裡沒有書桌，
只能在客廳讀書寫功課……

A 可以準備一個實用的
學習隨身包

收納學習物品的地方不是書桌也沒關係，但是東西最好集中放在一處，這樣才好整理，也不會弄丟。我們建議大家在書櫃或層架準備一個專門放學習包的空間。寫功課或讀書時經常使用的物品若是能都放在學習隨身包裡，這樣要用的時候就會更方便喔！

學習隨身包的內容……

- ☐ 筆記用品（鉛筆、橡皮擦、色筆、尺之類的用品）
- ☐ 筆記本（可以自由書寫塗鴉的簿子）
- ☐ 用得到的參考書
- ☐ 削鉛筆機
- ☐ 小刷子（用來清掃橡皮擦屑時能派上用場！）

不用再花時間開關蓋子的文件收納盒非常適合放整組學習物品。

教科書、筆記本、學習評量等建議按照科目收到檔案夾裡，這樣讀書時只要把想看的科目整袋拿起來就好。

學習用品
收納範例

學校的教科書及筆記本

學校要用的東西放在最容易收拿的地方。

文具用品

文具類要是也能收到學習物品區的話更好！這樣在準備學校的東西時就能一次解決了。

學習隨身包

讀書的必需用品整組放在一起，這樣就不用在房間及客廳之間來來去去了。

講義類

收到檔案夾裡，盡量直立收納。

學校以外的學習物品

學校的東西以及其他學習物品要分開收納。

也可以考慮推車收納

大家也可以將學習物品收在推車上，讀書時只要把推車推過去，那就不會「忘記帶某樣東西」了。

Q 週末及放長假的時候
房間總是亂七八糟……

 A 先決定學用品的
收納位置

 房間每次到了寒暑假，
之所以會凌亂不堪，就
是這個原因！

每個週末帶回的室內鞋及體育服，還有每
個學期帶回的美術工具盒、畫具及書法用
品平時都不會出現在家裡，通常都不會特
地準備一個固定收納的地方。這些學用品
不和學習物品放在一起沒關係，但是一定
要預留一個收納空間喔！

學用品的收納重點

1 專為學用品，預留一個空間！

就算平常東西不在家裡，放假期間也要有個地方可以收納這些
學用品。既然如此，那就事先為這些學用品預留一個空間吧！

2 集中放一起，不要到處塞

東西要是四處亂塞，往往會忘記收到哪裡，甚至找不到，因此
我們要確保一個可以把所有的上學用品都放在一起的空間。

3 收到衣櫃裡，房間更清爽

放長假之前帶回來的學用品在放假這段期間幾乎不會用到，在
這種情況之下將東西收到稍微不好拿的地方也沒關係。

每週帶回來的東西收在看得見的地方

既然室內鞋與體育服每個禮拜一都要帶到學校去，那我們就在放書包的地方附近預留一個空間放這些東西，這樣就不會忘記帶了。大家也可以準備一個可愛的籃子來放，這樣擺在房間裡就不會覺得礙眼了。

每學期帶回來的東西通通藏到衣櫥裡

書具、書法用品、直笛以及美術工具盒等學用品，最好是在衣櫥裡預留一個收納空間。不用擔心房間看起來會很亂，因爲只要關上衣櫥門，就會看不見了。

ADVICE

衣櫥或壁櫥要預留一個收納空間！

衣櫥與壁櫥非常適合當作一個臨時收納處，建議大家在這兩個地方裡預留一個小小的空間，需要時就能派上用場了。

① 房間凌亂的第一個原因是東西太多
第二個原因是 ⬚⬚⬚⬚⬚⬚

② 整理東西的三大步驟是
歸類 ➡ 收納 ➡ ⬚⬚

③ 整理東西時，判斷原則不是「要不要」，
而是「⬚⬚⬚⬚⬚⬚」

④ 不知道該從哪裡整理時，那就從
⬚⬚ 專屬空間中每天都會用到的地方開始吧

可以專心讀書的房間是哪一個？

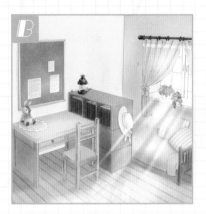

 不適合擺在書桌旁的東西是哪一個？

 電腦

 漫畫

 補習班講義

 常用的文具
要放在  的
哪個抽屜？

答案

5 東西都不收　2 維持　3 用不用得到　4 自己

5 B（看不見睡床比較能專心！）　6 B　7 B（右撇子的話）

Part 2 收拾整理裝扮區

明明有衣櫥，爲什麼東西還會亂丟呢？

哪有，你看！衣櫥都滿了呀！
塞不進去了啦～！！

沒錯！東西實在是太多了！
但應該有穿不下或不想穿的衣服才是呀。
愛打扮的女孩子沒有不穿的衣服喔！

好、好啦！

Step1 歸類

\首先/
東西要按照種類歸類

衣服、帽子還有時尚飾品亂丟的
話，那就無法打扮成想像中的美麗
模樣喔！所以我們要先大致把衣服
和飾品（包包、帽子以及首飾等等）
歸類，然後再把學校制服以及上補
習班時穿的便服分開。

便服

學校制服

時尚飾品

再來 ## 衣服要按照季節歸類

按照種類歸類好的衣服再按照季節歸類看看吧。此時最重要的一點，就是要掌握四季穿的衣服上下衣各有多少件，這樣就會發現不夠或是不要的衣服。

> 這個階段可以順便處理「已經不穿的衣服」。

「還要穿嗎？」「已經不穿了嗎？」判斷流程圖

不知道是該收、還是該處理的衣服就參考這張流程圖來判斷吧。

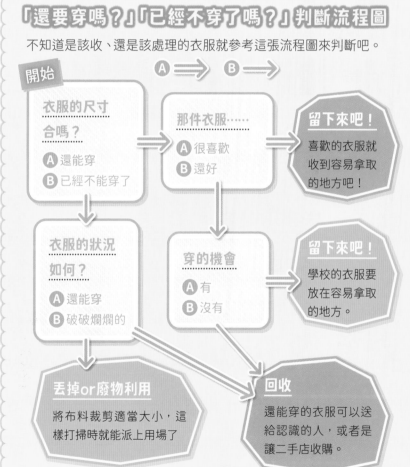

開始

A ⇒ B ⇒

衣服的尺寸合嗎？
Ⓐ 還能穿
Ⓑ 已經不能穿了

那件衣服……
Ⓐ 很喜歡
Ⓑ 還好

留下來吧！
喜歡的衣服就收到容易拿取的地方吧！

衣服的狀況如何？
Ⓐ 還能穿
Ⓑ 破破爛爛的

穿的機會
Ⓐ 有
Ⓑ 沒有

留下來吧！
學校的衣服要放在容易拿取的地方。

丟掉or廢物利用
將布料裁剪適當大小，這樣打掃時就能派上用場了

回收
還能穿的衣服可以送給認識的人，或者是讓二手店收購。

每個季節的衣櫃

接下來要介紹每個季節的衣物喔！
大家在整理衣服的時候可以參考看看。

Seasonal wardrobe

春

輕柔布料
搭配亮麗色彩
在心中留下好印象！

春天是新學年開始的季節，因此我們要
選擇讓心情愉快、顏色亮麗、布料輕柔
的衣服。這個時候會認識許多新朋友，
不管打扮有多休閒，一定要整齊整潔，
這樣才能留下好印象喔★

推薦的顏色

薰衣草	粉紅色	綠色	黃色

白色及灰色等基本色可以搭配粉彩色，這樣
整個人看起來會更加亮麗！添加海軍藍點綴
也不錯。

上衣 氣候微涼的春天需要加件衣服，
因此我們可以選擇適合穿搭的款式。

長袖T恤	七分袖針織衫	格紋襯衫

下衣 準備一件洋溢春天氣息、下擺蓬鬆的裙子吧！
褲子的話就利用顏色來享受穿搭樂趣。

下擺蓬鬆的裙子	丹寧裙	彩色緊身褲

外套 薄外套可以準備休閒風及
淑女風這兩種款式。

配件

運動外套	對襟毛衣	內搭褲

Seasonal Wardrobe

夏

休閒一點、漂亮一些
再混搭運動風
夏天都到了
怎麼能不好好打扮呢

炎炎夏日的服裝搭配非常簡單，通常都是一件上衣再配一件輕薄的褲子。正因如此，在款式上就更要稍微講究造型，這樣才能享受打扮的樂趣。

推薦的顏色

紅色	藍色	冰藍色	彩虹色

大力推薦清新＆繽紛的顏色！不管是透心涼的雪酪色調，還是稍微鮮豔的亮麗色彩，都非常適合夏天♪

夏天基本的 T 恤不妨挑選一件時下流行的款式。
更別忘記準備一件適合假日穿著打扮的露肩裝！

大T恤　　　　　　女用襯衫　　　　　　露肩裝

 長度較短的下衣款式若是不同，搭配起來會更有變化喔♪

短褲　　　　　　　褲裙　　　　　　　百褶裙

連身裙　在夏天大為活躍的連身裙經典款
與流行款都要準備！　　配件

襯衫洋裝　　　　　吊帶洋裝　　　　　棒球帽、涼鞋

Seasonal wardrobe

秋

搶先一步
展現秋季色彩
引領時尚潮流！

只要稍微動一下就覺得好熱，所以……話雖如此，但也不能老是穿夏天的衣服呀！所謂時尚，就是要搶先在季節到來之前打扮，這樣才能與眾不同。準備秋裝時要多加留意配色，只要增添一些秋天色彩，整個人看起來就會更加搶眼喔！

推薦的顏色

灰色	卡其色	焦糖色	土黃色

秋天適合深沉的顏色。而基本的焦糖色與灰色更是百搭，任何款式都適合喔！

上衣 不管是單件穿還是重疊穿，兩種都準備，穿搭更方便！

長袖T恤

半高領T恤

透氣吸汗的緊身褡

 下衣 稍微成熟的衣服應該也非常適合秋天。

闊腿褲

丹寧短褲

一片裙

外套 建議選擇款式簡單的外衣，這樣冬天也可以穿搭！ **配件**

連帽外套

長版對襟毛衣

長筒襪

Seasonal wardrobe

冬

優雅的服飾
搭配毛絨絨的布料
充分展現奢華氣質！

冬裝的顏色通常都會比較內斂。典雅的色彩固然不錯，但是選色可別太樸素。如果能夠利用毛絨絨的布料展現奢華氣質，或者添加一點明亮色彩，這樣整體感覺會更搶眼喔。

推薦的顏色

紫色	湖水藍	酒紅色	米色
●	●	●	●

不管是水藍色還是粉紅色，只要是煙燻系列的色彩，都是適合冬天的顏色。黑白兩色一年四季都是基本色，但在冬天說不定會特別實用。

上衣 除了讓冬季氣氛更加熱絡的毛線衣，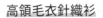
實用的高領毛衣及帽 T 也不能少喔。

毛線衣　　　高領毛衣針織衫　　　帽T

下衣 除了四季適穿的丹寧褲，
還要多加幾件布料適合冬季的服裝喔！

絨毛裙　　　　丹寧褲　　　　褲裙

外套 洋溢淑女氣質的大衣以及
休閒風格的羽絨衣絕對不能少！　**配件**

大衣　　　　羽絨外套　　　緊身褲、靴子

好好整理衣服

接下來我們要把衣服收到衣櫥及五斗櫃了。這些心愛的衣服都是再三考慮、愼選而來的，當然會想要穿久一點吧，每種衣服都有適合的收納方式，所以當我們在思考收納場所時，也要順便想一想空間夠不夠大喔。

不可以把衣櫥或五斗櫃塞爆喔！

衣服收納小提示 1

當季衣服在前過季衣服在後

春天若是一到，春夏衣物就放在容易拿取的地方；到了秋天，秋冬衣物就放在容易拿取的地方，這樣換季會更方便。

衣服收納小提示 2

決定吊掛收納及折疊收納的衣物

衣服的收納方式有兩種，一種是掛在衣架上，一種是摺起來。至於要怎麼收，我們可以參考第 79、80 頁之後再決定。

衣服收納小提示 3

讓類型一目了然

上衣、下衣及外套按照類型決定收放位置，收納時也要盡量讓顏色及圖案露出來喔。

下一頁要具體介紹衣服的收納方式囉！

適合吊掛收納的類型

不想讓衣服皺皺的或者是摺起來會占太多空間的衣服就先用衣架掛起來，之後再吊在衣櫥裡收納吧。

外套　　　連身裙　　　罩衫

裙子　　　褲子

Point

衣服吊掛時
按類型分開
穿的時候才好挑選

各種類型的衣物歸類之後，挑選衣服時就會更輕鬆喔！有些類型的衣服長度都差不多，這樣看來也會顯得很整齊呢。

適合摺疊收納的類型

掛起來會非常容易變形的毛線衣、T恤及內衣褲摺好之後就收到抽屜裡吧。褲子的布料若是不易變皺，那麼也可以摺起來收納喔！

T恤　　　毛線衣　　丹寧褲

睡衣

襪子

內衣褲

Point

收納衣物時
注意抽屜的高度

內衣類要收到高度約 18 公分，也就是淺一點的抽屜裡，這樣才會比較好拿。上衣類可以收到 18 至 24 公分高的抽屜，厚一點的上衣以及褲子的話則是最好收到 24 公分以上高的抽屜裡！

> 內衣褲及睡衣收在臥室附近應該也不錯！

接下來要介紹抽屜的收納範例。
衣服的摺法也順便學一學吧！

內衣褲＆襪子

利用隔板將各種類型的衣物分隔開來之後
直立排放，這樣才好挑衣服喔。

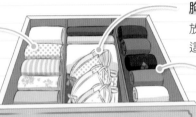

內褲
圖案露出來，
挑選才方便！

胸罩及內衣
放胸罩的空間要大一點，
這樣罩杯才不會被壓壞。

襪子
正式場合穿的白色及
黑色襪子放在後面。

內褲的摺法

左右兩邊往內摺。

由下往上摺 2/3，突出的
部分塞入鬆緊帶內。

胸罩的摺法

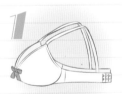

內衣先對摺，罩杯要
對齊。

肩帶與後背帶放在罩
杯中。

襪子的摺法

左右腳疊放，腳尖朝
腳跟摺起之後，再往
上摺到腳踝的部位。

襪口塞入腳尖與腳跟
之間的縫隙中。

上衣

每件衣服的布料不同，有些衣服可以直立收納，有些衣服則是適合平放收納。

毛線衣
毛線衣要平放收納，這樣才不會變形。

T恤
直立收納，這樣比較好挑選，常穿的衣服要盡量放在前面。

簡單的摺衣方式

1

衣服對摺，袖子對齊。

2

兩隻袖子往內摺。

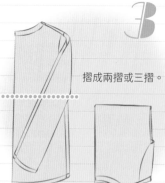

3

摺成兩摺或三摺。

接下來要介紹另外一種摺衣服的方法。這個方法可以把衣服摺得非常漂亮，大家要一定要試試看喔！

不想中間有摺痕的摺法

背部朝上，在肩寬一半的
地方將衣服往內摺。

長袖的話如圖反摺回去。

另外一側摺法一樣。

摺成兩摺或三摺之後，
正面朝上。

完成

先看看抽屜的尺寸
有多大，再來決定
衣服要摺成兩摺或
三摺喔！

83

1

背部朝上，在肩寬一半的地方將衣服往內摺。

2

袖子如圖反摺回去。

3

另外一側摺法一樣。

4

帽子往後摺。

5

摺成一半，正面朝上。

帶帽上衣若摺成三摺，帽子會被摺到，所以要摺成兩摺，這樣衣服才會漂亮。

下衣 可以直立收納在較高的抽屜裡。立起來的衣服若是很容易倒塌，那就用書擋板擋住吧。

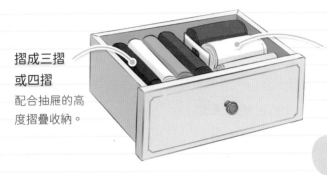

**摺成三摺
或四摺**
配合抽屜的高
度摺疊收納。

捲成圓筒狀
若是擔心衣服會
皺，那就整個捲
起來收納吧。

褲子的摺法

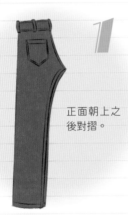

1

正面朝上之
後對摺。

2

臀部突出的地
方往內摺。

3

摺成兩摺
或三摺。

捲起來的時候要從腰
部開始捲！

好好整理服飾配件

背包、帽子、圍巾及首飾類等物品分別決定好固定的收納位置之後，擺放時再盡量讓每一個東西都能看得清清楚楚。背包、帽子、圍巾和衣服一樣，都要按照季節歸類，同時收納的地方也要跟著變換喔。

首飾及帽子當作展示型收納也不錯喔！

服飾配件收納的小提示 1

日常生活會用到的小東西放在容易看到的地方

當季用品要放在好拿的地方。而經常使用的背包或帽子掛在牆上收納也不錯。

服飾配件收納的小提示 2

平常不會用到的東西收到別的地方

過季物品以及只有在特殊場合才會用到的東西，可以收到不易拿取的地方。為了避免東西布滿灰塵，收納之前要記得先裝箱或裝袋喔。

服飾配件收納的小提示 3

每一個東西都要有固定的擺放位置

首飾等比較小的東西收的時候，如果全都丟在一起的話，要用的時候會非常難找，所以收納時要一件一件分開，這樣要戴的時候會比較好挑選，整體看起來也會比較美觀。

背包&帽子

常用的東西要準備一個可以直接收納的空間，不常用的東西就收到別的地方。

利用文件收納盒或書擋板來隔開空間

形狀容易壓壞的背包或帽子，每一個都要有自己的收納空間。

貼上標籤，收納方便！

建議貼上標籤，讓收納空間一清二楚！

圍巾披肩

當季物品與過季物品的收納方式不一樣。無論如何收納時盡量不要讓東西有皺褶！

過季物品收到盒子裡

整個捲起來之後，再統一收到籃子或盒子裡。

當季物品掛在衣架上

最輕鬆的收納方式就是直接掛在褲架上！

首飾&髮飾

耳環等成對的物品一定要整組收在一起，而且每一組都要分開放，這樣要戴的時候才好找。

每個東西的收納位置都要固定

格子要分得細一點，每件都要分開收納。

裝在盒子裡比較方便

這類首飾配件建議收到附蓋的盒子裡，方便隨身攜帶。

服裝飾品整齊劃一的
凱琳衣櫥大公開！

衣櫃收納參考範例

過季衣物
掛在衣架上的衣服
要隨著季節更換。

預留空間
衣櫥裡預留一個空
間，東西變多時就
可以暫時放在這裡。

只有當季衣服
掛在這裡

帽子
不想被壓壞的
帽子要平放。

內衣褲及襪子
收在這裡

背包的收
納位置

夏天的衣服
要摺的衣服不多，所
以夏天的東西都收在
這裡。挑衣服時只要
看掛在架上及抽屜裡
的衣服就可以了，非
常輕鬆♪

冬天的衣服
冬天的毛線衣及褲
子全放在這裡。冬
衣很占空間，收到
高一點的抽屜裡剛
剛好！

**披肩及圍巾等
脖圍類及小配件**

學用品空間
學期末帶回來的學
用品就收到這個地
方。不過平常這個
箱子是空的喔！

空無一物的門後也能用來收納喔！只要善用百元商店的小工具，就能輕鬆做出收納空間★

門後也發揮了
不少巧思呢！

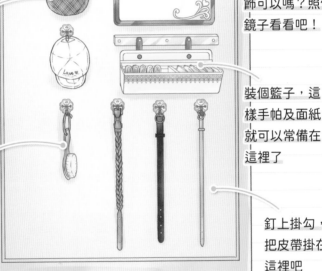

棒球帽可以
掛在這裡

用來清理
背包及帽
子的帽刷

今天的衣服配這
頂帽子或這件首
飾可以嗎？照個
鏡子看看吧！

裝個籃子，這
樣手帕及面紙
就可以常備在
這裡了

釘上掛勾，
把皮帶掛在
這裡吧

咦？那髮飾收到哪裡去了？

我都是在梳妝臺前梳頭整理，
所以收到那裡去了！

漂亮的衣服要怎麼清洗呢？

喜歡的衣服若想穿得久一點，
清洗方式就要正確喔！

> **Q** 衣服有分可以在家水洗
> 和需要送洗的嗎？

 衣服的清洗方式
要看懂洗衣標籤上面的符號！

衣服的布料不同，清洗的方式也會不一樣喔。有的一碰到水就會縮小，有的則是不耐熱，不可使用烘乾衣機。所以我們要先看看內側的洗衣標籤，這樣就知道衣服該怎麼清洗了。瞭解這些符號所代表的含義之後，以後洗衣服之前可別忘記先確認喔！

綿 100%

主要的洗衣標示

洗滌方式 · 洗衣盆裡有水的圖案是洗滌方式的標示記號。

數字代表洗衣水的最高溫度。60 表示洗衣服的熱水不可以超過 60°C。

洗衣盆底若有橫線，就代表洗衣機的水流不可太強。橫線越多，清洗時就盡量柔洗。

手伸進洗衣盆裡的圖案是手洗標示，代表這件衣服不能用洗衣機洗，要用手溫柔壓洗。

禁止在家水洗，只能送洗衣店乾洗的標示。

漂白 · 三角形的圖案是漂白劑的使用標示。

可以使用漂白劑的標示。

不可以使用漂白效果太強的含氯漂白劑。

不可以使用漂白劑的標示。

烘乾晾乾 · 正方形是衣服的乾燥標示。
裡頭畫的圓圈及線條代表烘乾及晾乾的方式。

可以使用烘衣機。兩個圓點代表排風溫度的上限是 80°C。

可以使用烘衣機低溫烘乾（排風溫度的上限是 60°C）。

禁止使用烘衣機！

直線是懸掛晾乾的符號。

斜線是陰涼處的符號。建議掛在陰涼的地方晾乾。

兩條直線代表衣服要直接涇掛滴乾。

橫線是平攤晾乾的符號。

放在陰涼處平攤晾乾的符號。

衣服直接平攤滴乾。

Q 衣服是不是要燙過比較好呢？

A 有些衣服可以燙，
有些衣服不能燙

襯衫與裙子用熨斗燙過之後會比較平整，但是有些衣服燙過之後布料反而會損壞。除此之外，熨斗設定的溫度也要根據衣服布料來調整，所以當我們在熨燙衣服之前，一定要先確認洗衣標籤上的熨燙標示喔。

> 雖然家裡的大人會幫我們洗衣服及燙衣服，但是我們也可以自己慢慢學喔！

確認熨燙及壓燙標誌吧！

 黑點的數量代表溫度的高低。3 個黑點代表熨燙衣服時，熨斗底板的溫度上限為 200°C。

 熨斗底板溫度上限為 110°C。熨燙時不要用蒸氣。

 熨斗底板的溫度上限為 150°C。

 不可熨燙及壓燙。

不可不知的 衣服熨燙重點

重點1

乾燙 與 蒸氣燙 要區分

衣服熨燙方法有兩種，一種是直接加熱乾燙，一種是噴灑水蒸氣之後再燙。乾燙適合原本就已經溼潤（半乾）或者是布料材質為合成纖維的衣服；蒸氣燙則是適合想要燙出線條或者是質地較薄的衣服。

重點2

從小地方 開始熨燙

熨燙時，要將衣服分成袖子、前身、背部等部位。但是不要先從大地方開始燙，否則輪到小地方時，燙過的部位反而會變皺，所以我們要從領子或袖子等小地方開始熨燙。

重點4

摺衣服前先排除 溼氣

衣服燙好之後不要立刻摺，否則會有摺痕。衣服燙好之後先掛在衣架上，散熱之後再摺。

重點3

要邊燙 邊拉縫邊

熨燙衣服時要用另外一隻手拉平縫邊，這樣才能把皺摺燙平。

注意！

燙衣服的時候 家裡的人一定要在旁邊喔！

燙衣服的時候若沒有注意安全，一不小心就會嚴重燙傷。隨便拿起熨斗是一件非常危險的事，所以當我們在練習燙衣服時，家裡的人一定要在旁邊。

過季的衣服
一定要換地方收納嗎？

有些衣服收納方式不同，未必要換地方收
但是換個地方可以順便檢查衣服

有些人會把所有的衣服全都收到衣櫥裡，
想說這樣就不需要特地換季了，但是下一
個季節到來時，還是希望大家能把上一個
季節的衣服收好，已經不穿的衣服也要整
理出來。因此換季時一定要好好檢查以及
整理衣服。

Check2

已經不穿的衣服
分成要保管的
以及要處理的

可以給別人的衣服，以及
雖然穿不下，但卻愛不釋
手的衣服要好好保管。衣
服若是已經破舊不堪或者
起滿毛球，就乾脆一點，
全部處理掉吧！

Check1

只挑出
等著穿的衣服
以及想穿的衣服！

衣櫥裡如果有提前購買或
者是恩典牌等，因為尺寸
過大而暫時保管的衣服，
那就先從裡頭挑選下一個
季節想穿的衣服，然後再
收進衣櫥裡。

過季衣物的收納方法

重點1
收納之前一定要先洗過一次

髒汙沒有先處理乾淨的話，衣物會出現黃斑、發霉，甚至被蟲蛀。因此過季的衣服要先洗乾淨，整個曬乾之後再收起來。若是無法在家水洗，那就送到洗衣店乾洗。

不能洗的帽子就算只是用帽刷除去灰塵，感覺也會不一樣喔！

重點2
選擇不會沾上灰塵或 被蟲蛀的收納方式

保管過季衣物的地方可以放些除溼劑或防蟲劑，以便防霉及防蟲。大衣等需要吊掛收納的衣物要套上專用的保管袋防塵。

洗衣店的塑膠套並不適合長期保管衣物，有時反而會讓霉菌滋生，因此要用專門保管衣物的防塵袋。

ADVICE

過季衣物要收在不會礙事的地方

過季衣物收到五斗櫃時要放在後方，衣櫥的話那就收到比較拿不到的地方。與其硬把所有衣服都擠在一起，不如善用平常用不到的空間，專門收納過季衣物，讓當季衣物有充足的地方整齊擺放。

管家的
填充測驗

接下來要複習裝扮區的整理方式了。
幾分才算及格?當然是滿分!

1 已經不穿,但是還算
漂亮的衣服可以 ☐☐

2 外套及洋裝要
☐☐ 收納

3 毛線衣要 ☐☐ 收納

4 衣服收到抽屜裡時,
☐☐ 收納會比較好找,
但是 ☐☐☐ 要平放收納

⑤ 不可以在家水洗的洗衣標誌是哪一個？

⑥ **I** 是懸掛晾乾的符號，那 **II** 呢？

☐☐☐☐ 的符號

⑦ 過季衣物的保養方式哪一個才是正確的？
（正確的都要勾選）

A 漂亮的衣服及毛線衣會洗壞，
所以髒汙要是不明顯，那就不要洗

B 不能在家水洗的衣服，就送洗衣店乾洗吧☆

C 要收起來的大衣最好套上防塵套

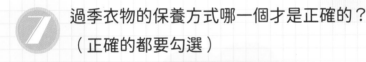

答案
① 回收　② 吊掛　③ 折疊　④ 直立、毛線衣　⑤ B
⑥ 溼掛滴乾　⑦ B、C

Part 3

歸類之後用起來會更順手！

收拾整理興趣嗜好區

設置一個書本及布偶的集中區……
意思就是要將四處散落的東西通通聚集在一起再分類，是吧？

沒錯！
既然是喜歡的東西，那就更要好好整理。若不知道自己的東西有多少的話，到頭來只會一直買到類似的，這樣東西反而會越來越多。

Step1 歸類

東西要先歸類

可以這樣歸類喔！

大家的書本及玩具用過之後是不是都會忘記收拾，四處亂丟呢？我們可以先將自己四處亂丟的書本、玩具及布偶全都聚集在一起，再將這些東西分門別類。已經不用的東西就把它處理掉，只留下現在還用得到的東西。

書本
漫畫
小說
雜誌　等等

布偶
想要裝飾的東西
想要收起來的東西

書本
信封信紙組
貼紙
文具　等等

娛樂相關
電玩遊戲
DVD
樂器　等等

Step2 收納 **想想東西要怎麼收**

東西歸類好之後要收到哪裡去呢？
娛樂用品應該可以統一收到書櫃或
層架上，若是找不到地方把這些東
西放在一起的話，那麼就按照種類
來決定收納空間。例如書本放在書
櫃上，布偶放在衣櫥裡等等。至於
什麼東西可以收到哪裡，大家可以
參考下列範例。

> 收納空間決定
> 好之後，就盡
> 量不要再增加
> 東西了喔！

電玩遊戲 DVD

玩遊戲的地方附近最好整理出一個收納空間。若是想要
帶著四處玩，那就把東西集中整理在盒子裡，方便攜帶。

電視遊樂器
收在電視附近

電視櫃如果有空間，就
可以把電視遊樂器收到
裡面，想玩的時候就可
以立刻拿出來了♪

DVD收到DVD盒裡
比較不占空間

DVD 最好也收在電視附近。
若要節省空間，那就收到
DVD 盒裡。

遊戲機與遊戲片
放在一起方便攜帶

電視附近若是沒有地方收納，或
者是想要隨處玩遊戲的話，我們
可以把遊戲機與經常玩的遊戲片
統一放在盒子裡，這樣想玩的時
候就可以整箱帶走。

書本

我們不可以只是把書塞到書櫃裡喔！只要花點心思，稍微排列，找起書來不僅更方便，整個書櫃看起來也會更加整齊。

常看的書放在與視線等高的地方

常看的書要放在好找、好拿的地方。

高度相同的書本要放在一起

盡量按照書本高度由高往低依序排列。

預留一個空間

整個書櫃七成用來收納，剩下的三成空著，這樣看起來會更清爽。

體積較小的書可以前後排放

後排的書放個底座墊高，這樣比較容易看到書名。

容易倒塌的書放在文件收納盒裡比較方便

雜誌等比較容易倒塌的書本，可以按照種類放在文件收納盒裡。

沉重的書放在最底層

圖鑑等大本又沉重的書要放在最底層，這樣書櫃才會穩。

套書要按編號排列

系列書籍要按照序號整齊排列。

雜誌越來越多，怎麼辦？

雜誌收納要精簡

只要規定自己「雜誌只能放在這裡」，數量變多就要處理掉一些，這樣書櫃看起來就會比較清爽。但是喜歡的雜誌應該會捨不得丟吧？要是遇到這種情況，那就把喜歡的部分留下來，或者是轉成電子檔保存，盡量想辦法節省空間！

喜歡的東西都聚集在一起的話，說不定會重新認識自己的嗜好喔！

創意1

只留下喜歡的內容！

剪下喜歡的那一頁或照片，這樣就可以貼在筆記本保存。按照自己喜歡的方式設計並貼上貼紙，也可以寫下好奇的事，這樣就能完成一本網羅自己喜好的雜誌了。

創意2

拍成照片，轉成電子檔保存！

利用智慧型手機或平板電腦將喜歡的內容拍下來吧！再善用照片存取處的相簿功能製作檔案夾，逐一將照片歸類存檔，日後就能隨時欣賞照片。

對了，店家販賣的書不可以隨便拍照，這樣是違法行為。要記住喔！

布偶

數量要是太多，那就將裝飾品及收納品分開。慎選喜歡的布偶加以裝飾，或者布置時發揮巧思，這樣就能布置出漂亮的房間。

若要裝飾
位置就要固定

位置要是不固定，到頭來就會亂放。只要讓這些布偶坐在層架上、床上或是椅子上，看起來就會更可愛。

挑選一個美麗盒子
就算全放，照樣好看

若要將好幾個布偶擺在一起裝飾的話，那麼不妨挑一個漂亮的盒子來裝。例如選個古董風的皮箱，這樣就是一個讓人愛不釋手的裝飾品了。

Point

想一想布偶要怎麼收才會可愛！

既然是討人喜歡的布偶，那麼收納時也要兼顧這份可愛。例如我們可以在衣櫥裡掛個小吊床，然後把布偶放在上面，這樣收納時就能順便展現出可愛的氣氛了。大家不妨動動腦筋，多多嘗試吧！

布偶的保養方法

方法1 　先確認上頭的洗滌標誌，可以水洗的布偶若是髒了，那就把它清洗乾淨。

拆掉蝴蝶結等配件之後，先用溫水稀釋中性清潔劑，之後再將布偶浸泡在裡頭。

布偶輕輕壓洗之後，換水數次，充分沖洗乾淨。

用乾毛巾包住布偶，放到洗衣機脫水之後把毛梳整齊，再放到陰涼處晾乾。

方法2 擦洗　裡頭有電池不能水洗的布偶要用擦洗的方式處理。

先準備清潔水（每兩公升的水加上一小匙的中性清潔劑）及溫水。毛巾要準備兩條。

毛巾沾上清潔水，擰乾之後將布偶的髒汙擦拭乾淨；接著沾上溫水，擰乾之後再擦一次。

用乾毛巾擦乾水分之後，放在陰涼處晾乾。

方法3 乾洗　不能沾水清洗的布偶可以用小蘇打粉去除汙垢。

布偶裝入塑膠袋之後灑上滿滿的小蘇打粉。

袋口抓緊，用力搖晃。當布偶整個沾上小蘇打粉之後，直接放在日照充足的地方曝曬至少兩個小時。

打開塑膠袋，用吸塵器將布偶身上的小蘇打粉吸乾淨。

文具

東西瑣碎的信封信紙組以及貼紙若是沒有按照種類
好好分類的話，過沒多久就會不見喔！

信封信紙組收到盒子裡直立收納
要用的時候才好找

一整組的信紙與信封要放在一起。我
們可以收到文件盒裡，這樣東西比較
不容易分散，直立收納也比較方便！

貼紙收到夾鍊袋裡

貼紙要收到夾鍊袋裡，才
不會四處亂丟。但最好使
用透明的夾鍊袋，挑選時
才能看到貼紙圖案。

紙膠帶也放在一起

紙膠帶統一放在收納
座或盒子裡。

挑個文具盒吧！

已經分類的筆記本、記事本、
信封信紙組等文具用品按照
類別收到同一個盒子。這類
文具通常會越集越多，因此
我們要下定決心，「只把這
個盒子裝滿」，這樣東西就
不會越來越多了！

收到的信要留到什麼時候呢？

自己訂一個規則

收到朋友給的信應該會很開心吧？
但是這些信相當占空間，若要留下
來，就要想一想怎麼保存比較好。
其實我們可以決定一個期限，例如
「只保存三年」、「賀年卡只留兩
年」，或者也可以按照信件種類訂
規則。

信件處理之前
要記得先將對
方還有自己的
名字以及地址
塗黑。

信件收納創意 1

貼在筆記本裡
或收到相簿裡保管

貼在筆記本裡的話可以隨時打開來
看，信應該也不太會弄丟。像那些
寫在小紙條上的信特別適合用這種
方法保存 。連同充滿回憶的照片一
起貼在相簿裡也不錯。

信件收納創意2

放到有蓋子的盒子裡
或是檔案夾裡保管

若要將整封信留下來，可以準備一
個盒子或檔案夾專門用來放信。盒
子要有蓋子的比較適合。用來放信
的盒子與檔案夾建議選擇款式普遍
的基本款，要是信件多到放不下，
就能隨時添購。

凱琳將嗜好品全都統一放在開放式層架了喔！讓我來為大家介紹重點吧★

開放式層架的收納範例

層架頂部東西少放

層架上層非常容易囤積灰塵，所以布置的東西要是放太多，打掃起來會很辛苦。

利用迷你綠色植物及香氛物品佈置一個療癒空間

擺些綠色植物或香氛物品，讓空間更有時尚感。

製作一個展示空間

這裡布置的是自己做的布偶及首飾。只要慎選幾件用來裝飾，整個空間看起來會更漂亮！

手工藝相關材料收到籃子裡

手工藝品的材料及工具繁多又瑣碎，所以全部放到籃子裡收納。剛動工的作品也可以放在一起，這樣要做的時候只要搬出籃子就好了。

預留一個空間讓整體更美麗！

每個空間都塞滿東西的話會給人一種壓迫感，所以預留一個空間也很重要。

文具收到抽屜裡

讀書時會用到的文具放在書桌的抽屜裡，因為興趣而收集的記事本、便條紙及信封信紙組則是收到這裡。

最喜歡的布偶
其實可以當作書擋板

喜歡的布偶可以放在顯眼的地方陳列，同時兼做書擋板。

喜歡的書要放在
與視線同高的地方

書本要放在好拿的位置上。如果書塞太滿反而會不好拿，所以要留一些空間，方便取書。

雜誌收到文件收納盒裡

容易倒塌的雜誌可以收到文件收納盒裡。平常收的時候會盡量讓書背標題露出來，但是朋友來玩的時候文件收納盒會反過來放，這樣看起來才會清爽。

ADVICE

開放式層架可以分為
展示區及掩飾區

將整個層架布置成展示型收納需要相當不錯的品味才能做到。但只要善用收納盒（❶）與抽屜（❷），規劃一個掩飾區，誰都可以布置出一個漂亮空間。

提升等級 ↗↗ Lesson

愛美小女孩的
校園用品 整理技巧

愛打扮的小女孩帶去學校的東西看起來總是漂亮又可愛！難道是因為她們比較會整理！？

東西太多
就通通裝成一袋！

水壺、室內鞋及運動服。除了學習物品，有時候我們還要帶一堆東西去學校。書包要是塞不進去，那就用一個大提袋裝起來吧！這樣兩手就不會大包小包的，上課裝扮看起來也會更加簡潔俐落喔！

**上課
裝扮風格
Check!**

用來裝所有東西的**手提袋**可以選擇大一點的布提袋喔！平常摺得小小的，這樣就可以收到書包裡。

配合季節穿著是打扮的基本原則！如果是穿去學校的話，活動自如也是挑衣服的重點。

選一個喜歡的**掛飾**，成為吸睛亮點！

書包裡的東西擺放位置也要固定

喜歡打扮的小女孩，課本及筆記本通常都很乾淨，因為她們的書包都非常整齊，不會硬塞東西。書包裡的東西只要位置固定，一看就會知道東西有沒有帶齊。

最大的那一格放的是課本、筆記本以及鉛筆盒，可以按照大小整齊排列。

前面的口袋放的是和學校沒有關係的東西。喜歡的便條紙與梳妝包就放在這裡吧！

有拉鍊的口袋放的是家裡的鑰匙以及不可以遺失的東西。

學校發的單子及講義放在透明檔案夾裡。可以準備兩個，一個裝學校要給家裡的信，另外一個裝要交給學校的回條或作業。

筆記用品的使用方法 Check!

鉛筆盒要是太髒 鉛筆再怎麼可愛又有何用？ 所以一定要保持乾淨喔

筆記用品以及鉛筆盒非常容易弄髒，所以每天要整理乾淨。若是不想鉛筆盒太髒，鉛筆就要好好套上筆蓋，橡皮擦屑更要清乾淨。不僅如此，鉛筆還要天天削，這樣才能常保整潔。

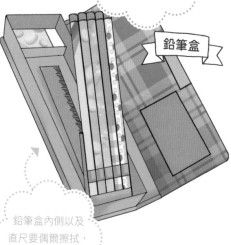

鉛筆削尖的那一頭要朝下，同時還要檢查橡皮擦屑有沒有堆在鉛筆盒裡！

鉛筆盒

鉛筆盒內側以及直尺要偶爾擦拭，保持乾淨！

套上可愛的筆蓋，以免弄髒筆袋。

筆袋

橡皮擦套若是髒了，那就自己做一個吧！

StarRuler

筆盒不要裝太多，免得整個爆滿！

梳子與鏡子一定要挑選小巧一點的！

容易弄丟的橡皮筋也要多準備一些喔。

裡頭太亂很不美觀！東西要是太多，那就準備兩個梳妝包吧！

隨身梳妝包裡的女孩必需品

除了手帕與面紙，OK 繃、護唇膏及護手霜等，女孩子平常使用的物品其實很多，只要準備一個可愛的梳妝包，就能有條理地收納這些瑣碎的小東西！平常要多檢查，還要保持整潔喔。

美術工具盒
Check!

美術工具盒裡若是有東西會四處滾動,那就收到小盒子裡,這樣東西才不會不見。

Color12

常用的東西要放在前面喔!

課本及筆記本按照大小排列,這樣看起來會更整齊。

工具盒裡的東西也要好好整理這樣才不會找不到!

學校書桌的抽屜有沒有好好整理呢?我們可以利用美術工具盒將課本、筆記本以及文具放在固定的地方,盡量「隨時保持整潔」。工具盒裡的文具如果會滾動,那就弄個隔板固定位置吧。

美術工具盒物盡其用的創意

利用插圖來表示東西固定的擺放位置

先在紙上畫下文具的收納位置，之後再貼在工具盒底部！這樣就能毫不猶豫地讓文具物歸原位。

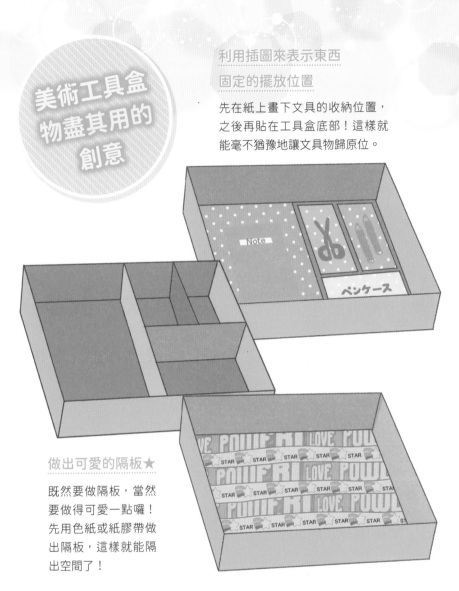

做出可愛的隔板★

既然要做隔板，當然要做得可愛一點囉！先用色紙或紙膠帶做出隔板，這樣就能隔出空間了！

美術工具盒要是變舊了那就貼上紙膠帶裝飾

紙做的美術工具盒有時邊角會磨損。遇到這種情況就用喜歡的紙貼紙修飾吧！如果是輕微的破損及髒汙，就使用可愛的紙貼紙補強吧。

管家的小小煩惱諮詢室

From：T.T
主旨：沒有衣服可以穿……

原本想說只留下心目中適合自己的衣服，所以就動手整理，結果發現一件也沒有……

 梳妝打扮與整理收納都是需要想像力的。所以我們不如發揮創意，善用現有的衣服，這樣說不定會開啟一道全新的時尚大門喔。

From：小桃
主旨：一定要有書桌嗎？

家裡雖然有書桌，可是我讀書都是在客廳耶。一定要坐在書桌前才可以嗎？

 想要在哪裡讀書是妳的自由。如果書桌用不到，那就乾脆讓二手店收購。但是上了國中之後說不定就要在自己的房間裡讀書了喔。

 有人寫信來問「家裡沒有書櫃，那麼要怎麼整理書本呢？」

可以將文件收納盒或擋書板放在層架上，把書立起來放就可以了。

Lesson

3

提升房間格調！

無敵可愛！
室內裝飾講座

房間整理收納好之後，
接下來就要把它布置得無敵可愛囉！
另外還要介紹讓房間美輪美奐的重點。

房間收拾整理好了！我好厲害喔！

我也幫了不少忙

看起來好空虛喔布置一下吧……

凱琳小姐我沒有叫妳掛東西裝飾……

叮咚──

什麼嘛！閃閃發亮的不是很好嗎！？

哇！
妳在布置房間呀？
那我可以幫忙嗎？

嗯？
當然可以！

藏

那麼就讓我們來告訴妳把房間布置得井然有序、煥然一新的訣竅吧！

想要展現品味！

讓房間更有格調的五大規則

什麼？不可以隨便布置呀！

聽我說、聽我說。只要按照規則，一定可以布置出一個舒適漂亮的房間喔！

根據規則，讓心目中的房間慢慢成形

布置房間最重要的就是整體感。所以除了房間給人的印象，配色也要根據規則深思熟慮。只要根據每種布置風格給人的印象愼選，就能擁有一個富有整體感的美麗房間了！

回想一下我們在第26～27頁規劃的房間形象吧！

規則1

房間風格整齊劃一

以可愛女孩及時尚休閒這兩種風格爲例，用來擺設的家具及小東西格調完全不同，這兩種風格要是出現在同一個房間裡，就會失去整體感，甚至給人凌亂的印象。所以當我們選擇裝飾品或小東西時，一定要選擇自己喜歡的風格喔！

可愛女孩風格

時尚休閒風格

規則2

布置房間的色彩最多三種

顏色也是決定房間形象的一個重點，如果使用的顏色太多，同樣會讓人覺得凌亂。若要讓房間展現沉穩氣氛，三個顏色會比較剛好！→參考第 120 頁。

規則3

善用布製品巧妙點綴房間

床罩及抱枕套等布料顏色也要慎選！牆壁及原本的家具顏色雖然不能改變，但我們還是可以透過這些布製品的顏色來改變房間給人的印象。→第 133 頁也要看喔！

規則4

鎖定某個地方布置吸睛焦點

與其在各個角落以不同東西裝飾，不如鎖定某個地方，讓人一踏進房就被其吸引。這個方法在空無一物區格外有效。→參考第 126 頁。

規則5

善用間接照明營造浪漫氣氛

除了讓整個房間變得明亮的照明設備，如果能有部分燈光特地照亮某個空間，那就可以讓房間變得更有氣氛。只要懂得享受光線帶來的樂趣，那妳就是一位懂時尚的行家！→參考第 134 頁。

要選什麼顏色呢？

決定房間的顏色

我喜歡的顏色有紫色、粉紅色、白色、水藍色。啊！鮮紅色好像也不錯♡

這些顏色全都使用的話，房間會變得很可怕喔……

記住基本色的運用方法

布置房間的顏色只用三種，看起來會比較清爽。但是什麼顏色要用多少比例，也就是顏色分配很重要。所謂的「色彩平衡」，意思就是讓整體色彩看起來協調，這個比例通常是底色 70%，主色 25%，點綴色 5%。

漂亮房間的
色彩平衡比例

點綴色
5%

主色
25%

底色
70%

就算使用相同的顏色，只要比例不同，給人的印象就會完全不一樣喔！

那麼我們來看看漂亮的房間，是怎麼運用色彩的平衡原則。

底色

在房間裡占了 70% 的是地板、牆壁及天花板的顏色，這幾個地方使用的顏色就是底色，而大多數的房間應該都是以白色居多。

點綴色

在房間扮演聚焦效果的就是點綴色，只要善用抱枕及配件等小東西，就有畫龍點睛的效果。

主色

主色是房間的主角色彩，像是窗簾、床罩及地毯等物品的顏色通常會成爲主色。

主色與點綴色
要選哪個顏色呢？

雖然地板與牆壁所使用的底色無法選擇，但是主色和點綴色可以挑選喜歡的顏色。我們先參考顏色給人的印象，以及適合理想房間風格的色彩，之後再來想想要選什麼顏色。

搭配房內現有家具也很重要喔！

 色彩給人的印象

顏色給人的感覺各不相同，我們先來了解一下色彩所擁有的印象吧！

活潑開朗、青春洋溢，而且還會提高求勝運！

給人浪漫、溫柔的印象，會帶來戀愛運喔！

具有偏財運的積極色彩，能讓人心情開朗。

可以振奮精神的顏色，適合用在想要有所表現的時候。

可以穩定情緒以及平靜心情的顏色。

知性、爽朗兩者兼具，還能提升友情運的顏色。

舒緩效果卓越的療癒色，能提升健康運！

高雅時尚，給人穩重成熟的印象。

潔淨單純，讓人心情煥然一新。

冷酷之中洋溢著高級感的顏色。

給人沉著的印象，心情也會平靜下來的顏色。

推薦色彩

接下來要介紹不同風格的房間適合搭配的顏色。

簡潔俐落風格
Simple
→第10頁

建議以白色或淺灰色爲主色，水藍色及黃色爲點綴色。

可愛女孩風格
Girly
→第12頁

底色與主色都是粉紅色或白色，小東西的話選擇粉彩色。

療癒自然風格
Natural
→第14頁

除了白色，米色與會讓人聯想到樹木的咖啡色、象徵樹葉的綠色也不錯。

時尚休閒風格
CASUAL
→第16頁

家具盡量選擇黑色或米色，擺飾物品的色彩可以豐富一點。

潮酷＆可愛風格
Cool &Cute
→第18頁

以白色及黑色色調爲基本，點綴色可以選擇薰衣草色或粉紅色。

想一想要怎麼配色

除了紅、黃、藍等基本色，還有其他各種顏色。像紅色可以細分為亮紅色及暗紅色，還有淺紅色及鮮紅色，所以思考怎麼配色其實是一件大工程。雖然如此，當我們在配色時，其實有幾個組合模式是可以配出不錯的顏色喔！

只要參考下列這四個組合模式，配色就不會失敗喔！

組合模式1

相同色系

善用漸層
享受顏色重疊的樂趣！

配色時最不容易失敗的組合模式就是這個！只要將同一色系的深淺色，例如米色與深咖啡色組合在一起，就能營造出高雅的氣氛。

深色

淺色

還可以這樣組合搭配

感覺非常穩重，氣氛也不錯！

組合模式2 **相同色調**

若要使用各種顏色，
那就統一色彩的亮度吧！

色調是指顏色的亮度或是鮮豔程度。想
要使用紅、藍、黃等完全不同色系的顏
色時，只要色調程度相同，搭配時就不
會顯得格格不入喔！

還可以這樣組合搭配

 組合模式3 **相似顏色**

還可以這樣組合搭配

網羅相似的顏色，
感覺比較協調

黃色與草黃色、紫色與靛色等相似的顏色
也能呈現統一感！但缺點是沒有高低起
伏，這個時候可以利用深色當作點綴色。

 組合模式4 **相反顏色**

讓人印象格外深刻！
適合時尚行家的配色方法

很多人以爲相反的顏色不適合搭配在一
起，其實這樣的組合反而可以襯托出彼
此的色彩。例如橘色配藍色，黃色配紫
色，這樣的配色方式都可以讓其中一個
顏色成爲點綴色。

點綴色

還可以這樣組合搭配

花點巧思，讓房間更可愛！

布置房間，提升格調！！

大家想要布置房間的哪個角落呢？先決定想要展示的重點空間吧！

決定好房間的顏色之後，接下來就動手布置看看吧！我們可以透過擺飾或照明等各種方法，讓房間看起來更可愛，但是過於隨心所欲的話，只會讓房間看起來更亂喔。因此我們要先決定一個想要展示的重點空間，再布置整個房間，這才是提升格調的訣竅。

只要稍微花點巧思，就能讓房間更加清新可愛喔！

房間布置點綴創意 1

試著裝飾牆壁看看吧

房間裡面積最大的地方是牆壁，若是把牆壁當作布置重點，我們的視線就會跟著往上移，如此一來房間給人的印象就會跟著改變。不過在動手裝飾牆壁之前，要記得先和家人商量再動手喔！

Point

1 只裝飾其中一面牆壁

2 確認一下是否符合房間的風格

利用裝飾壁貼來布置

不用特地更換壁紙，只要用貼的，就能改變房間印象的方便工具！壁貼有各種不同的風格，可以用來張貼一整面牆，也可以只張貼某個空間。

利用紙膠帶來布置

把牆壁當作畫布，用自己喜歡的插圖及圖案在上面設計，這就是紙膠帶獨一無二的特色。若是選擇寬版紙膠帶，就可以將整面牆壁貼成條紋圖案了！

利用 拉環掛飾 來布置

牆壁裝飾的基本工具就是拉環掛飾。除了拉旗，還有其他種類可以選擇，如果不想讓人覺得自己很孩子氣，可以挑選比較沉穩的顏色。

將自己畫的圖當做掛飾
排在一起也不錯！

形狀不同的掛飾組合在一起
也挺可愛的！

自己動手做掛飾也是一個不錯的點子喔！第 139 頁有手作掛飾的方法，大家可以參考看看喔！

流蘇掛飾
看起來成熟穩重
又美麗♪

利用畫框來裝飾

掛上一個大畫框固然好看，但若將幾個小畫框排列在一起，整體感覺反而更有設計感。如果能夠挑選不同形狀大小的畫框來陳列，那妳就算是一個布置高手了。

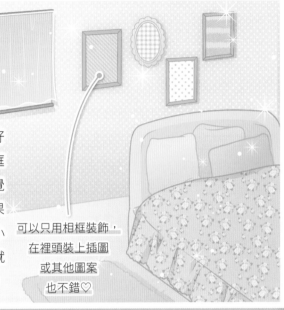

可以只用相框裝飾，
在裡頭裝上插圖
或其他圖案
也不錯♡

可以欣賞布料圖案的
布藝面板
宛如一幅畫！

可以將數個大小相同的東西整齊排列，充分展現出存在感。

用吊籃裝飾看看吧

吊籃主要用來「吊掛」東西，因此我們可以把活動吊飾及綠色植物掛在天花板或窗邊，試著把整個空間布置得更美！這樣就可以讓房間充滿立體感及律動感，成為裝飾的點綴重點。但是這些裝飾品要記得掛在不會影響到動線的地方喔！

Point

1 注意重量
2 掛在窗戶附近空氣流動的地方，看起來更賞心悅目。

室內的天花板上或窗邊，可以掛上大家喜愛的活動吊飾。選定一個喜歡的主題，自己動手做也不錯！

吊籃裝飾 1

利用活動吊飾裝飾

光是看著活動吊飾隨風搖曳的律動姿態，就足以讓人得到療癒。若是當作展現季節感的物品，例如夏天選魚，冬天選聖誕飾品也不錯。

130

利用綠色植物裝飾

只要房裡有一件將綠色植物（觀葉植物）掛起來的「植物吊籃」，整個空間就會變得明亮無比，充滿活力與朝氣。

只要掛上去，房間就會變得非常雅觀！但要確認吊掛的地方（窗簾軌道及掛勾）是否能夠承受植物吊籃的重量。

如何挑選觀葉植物

先決定觀葉植物的擺放位置。植物成長雖然需要陽光，但是種類不同，需要的日照時數也會跟著改變喔。

●日照充足的地方

→發財樹（馬拉巴栗）、細葉榕

●陰涼處

→龜背芋、粗肋草（廣東萬年青）

常春藤與黃金葛相當好種，非常適合植物新手！

布置睡床看看吧

在房間裡占了相當大比例的就是睡床。但是這張床若是太亂，不管房間布置得有多漂亮，看起來照樣一團糟。所以我們要先養成整理床鋪的習慣！只要把睡床整理得乾乾淨淨，就能布置出一張可愛的床了。

睡床只要布置得夠可愛，整個房間給人的印象就會完全不同喔♪

＼ 先從這裡開始吧！ ／

一早起來就先整理床鋪

1

早上起床之後就立刻把棉被掀至一半，讓悶在裡頭的溼氣蒸發。

2

上學之前再把棉被鋪好，床也整理好。枕頭與抱枕稍微拍打，使其恢復原狀就好了！

利用簾帳裝飾

簾帳可以在家飾用品店購買，也可以自己動手做。只要將布料夾在圓型夾衣架上就好了！

掛上簾帳的床鋪會讓人忍不住幻想自己是公主。覺得「可愛但會不會太肉麻？」的人只要改用淺灰色等比較收斂的色彩，就能布置出氣質穩重的女孩房喔！

抱枕套可以選擇水藍色及黃色，以便襯托出粉紅色的床單！

good night

床單上加條床尾巾，大幅提升時尚感！

利用床單＆抱枕裝飾

鋪上一條可以當做點綴色的床單，然後在枕頭旁擺一堆抱枕，讓整張睡床瀰漫在奢華氣氛之中。

花點心思在照明吧

照明要選擇可以照亮整個房間的電燈。但若想要布置一個有氣氛的房間，除了照亮整個房間的電燈，我們不妨增加一些間接照明，因爲其所呈現的微微光線不僅可以舒緩心情，營造的氣氛更是無可挑剔！就讓我們好好想一下可以欣賞光線的室內裝飾吧！

Point

1 做事時，房間光線要明亮
2 休息時，房間光線要柔和

挑選兒童房照明設備的注意事項

盡量不要
有的地方暗，有的地方亮

亮處與暗處的光線若是相差太大，受到光線影響的眼睛就會一直調整視力，這樣視力反而會變差。所以需要用眼睛看東西（寫功課或讀書）的時候，一定要盡量確保整個房間與手邊的光線一樣明亮。

但是長時間暴露在亮光之下也會影響視力，因此睡前燈光記得要柔和一點喔！

照明裝飾 1

利用拉燈裝飾

像拉燈一樣連成一串的燈泡是一種充滿光線樂趣的室內裝飾，看起來不僅美觀溫暖，還能夠營造出舒適輕鬆的氣氛。

床鋪周圍掛上拉燈，
這樣睡前就能擁有一段
舒適時光。
但是燈可別開一整晚喔。

照明裝飾 2

利用燭燈裝飾

燭燈能夠釋放出和蠟燭一樣的光線，只要陳列在裝飾櫃上，吸睛的微亮光線就能讓房間看起來更加璀璨亮麗。

平價 & 簡單

製作可愛的裝飾小物

雖然我們可以透過布置改變房間給人的印象，
不過有時候只要添加幾件可愛的裝飾小物，
照樣能夠布置出一個漂亮的房間。

那我要全部自己做！

也是可以。但是做的時候要小心，
千萬不要傷到自己喔！

手作心得

1 工具要好好管理！

剪刀及美工刀等工具用完就要立刻放回原處，
亂丟的話可是會讓人受傷的！

2 材料及製作方法盡量自己動腦設計

接下來要介紹的小飾品都很簡單！
大家可以自由變換作法及材料。

3 結束之後別忘記收拾

工具及剩餘的材料要收好，有垃圾要馬上丟掉。
好不容易做出可愛的小飾品，房間要是亂七八糟，
那就白費功夫了。

哇♡可以讓喜歡的布偶改頭換面真的很棒耶♪

Making 1
布偶花環

材料

● **樹枝花圈**
（可以在百元商店
或手工材料行購買）

● **小型布偶**
（回收利用以前喜歡的
布偶也可以）

工具

● **黏著劑**
● **裁縫包**

作法

1 先將布偶擺在樹枝花圈上，看看要怎麼排列。

看起來更可愛的訣竅

挑選的布偶顏色要相近！

2 排列順序決定好之後，用黏著劑將布偶黏在樹枝花圈上。用針線將布偶縫在上面也可以喔！

Making 2
英文字母
文件收納盒

材料

- **木製英文字母**
  （可以在百元商店或
  手工材料行購買）
- **文件收納盒**
  （可以在百元商店或
  文具店購買）

工具

- 黏著劑、雙面膠
- 壓克力顏料

作法

1 用壓克力顏料在木製英文字母上著色！

看起來更可愛的訣竅

加上圓點或條紋圖案會更可愛喔♪

2 壓克力顏料乾了之後再用黏著劑
或雙面膠黏在文件收納盒上。

也可以考慮
用數字喔！

Making 3
碎布拉繩

我的房間適合
什麼樣的圖案呢？

材料

● **布料**
（也可以利用已經不穿的衣服）

● **繩子**

工具

● **剪刀**
● **黏著劑**

作法

1　將喜歡的布料對摺之後，再剪成旗幟狀。

2　剪好之後背面塗上黏著劑，夾在繩子上黏住就好了。

自己做的首飾裝飾成
這個樣子也不錯喔♡

Making 4
相框首飾架

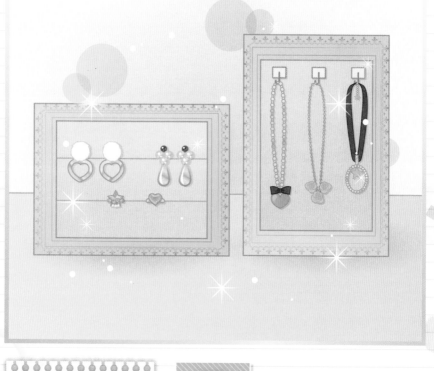

材料

● **相框**
（可以在百元商店購買）

● **掛勾**
（挑選可以用雙面膠黏起來的款式）

● **不織布**

工具

● **黏著劑**

作法

1 這是右邊項鍊架的作法。只要將不織布貼在相框的底板上，黏上掛勾，這樣就大功告成了！

2 這是左邊戒指及耳環架的作法。不織布配合相框的寬度裁剪之後捲成圓筒狀，做成數條之後排列在相框的底板上就可以了。

Making 5

心愛的透明收納架

材料

● **透明收納架**
（可以在百元商店購買）

● **喜歡的襯紙**
（色紙也可以）

工具

● **剪刀**

● **雙面膠**

作法

1 選好喜歡的襯紙，放在透明收納架的抽屜底部，量好尺寸後裁剪下來。

2 裁好的襯紙用雙面膠黏在抽屜底部。每個抽屜可以選擇不一樣的襯紙，這樣看起來會更漂亮！

在抽屜上裝把手也不錯喔！

不知該如何布置的房間

Q & A

就算房間小、需要和兄弟姊妹共用，只要發揮創意，照樣能布置得可愛又漂亮喔！

Q 擁擠的房間
要怎麼有效利用呢？

A 重新檢視家具的擺設
及房間使用的顏色

房間裡要是有個空無一物區，整體感覺會更加寬敞。若要利用家具來當作隔間，那麼就要好好想一下擺放位置，還要盡量聚集在同一處。另外，地板的顏色若是明亮，在視覺上也會覺得寬敞，這個部分可以利用地毯的顏色來製造明亮的感覺。

家具高度可以矮一點，這樣房間會感覺比較大。但是在添購家具時，也要想到這麼做的話，收納容量可能會不夠。

家具配置圖範例

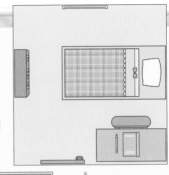

BEFORE

沒有善用空間的
房間……

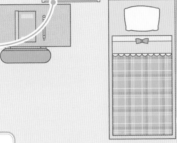

> 窗戶盡量
> 不要擋住！

AFTER

騰出一個寬敞的
空間了！

> 某面牆不要放
> 家具，這樣感
> 覺會比較寬敞

> 家具盡量
> 靠牆

不同配色的範例

BEFORE

深色的地毯看起來
會有點壓迫感……

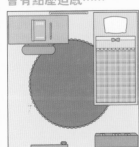

AFTER

色彩明亮的地毯
感覺會比較寬敞！

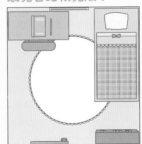

Q 與姊妹共用一個房間，
但好想擁有自己的空間

A 只要在隔間上花些功夫，
就能隔出私人空間喔！

想要在同一個房間裡把空間分割開來，最有效率的方法就是利用家具。上下舖床因為高度夠，放在房間正中央的話就能完美地隔出空間。除此之外方法還有很多，就讓我們找到一個不需勉強、能輕鬆完成的好方法吧！

BEFORE 書桌與書櫃
原本都是
排在一起的……

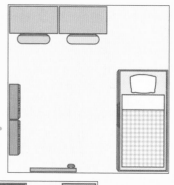

AFTER

利用上下舖床
來分割空間，
兩人的書桌與
書櫃也分開放！

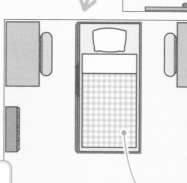

> 兩人的書桌分別面壁，這樣就能提升私人空間感了！

> 多出一個可以兩人共用的空間應該也不錯♪

> 高度足夠的上下舖床可以直接用來分割空間！

144

想用床鋪以外的家具隔間時……

利用 隔板 來分隔空間

隔板可以在最不占位子的情況之下分隔空間。若不需要擋住視線，那就考慮使用透明隔板，這樣空間看起來會比較寬敞，光線也會比較明亮。

利用 衣櫥 來分隔空間

衣櫥及櫃子除了用來隔間，也能當作收納空間善加利用，值得大力推薦。市面上也買得到專門用來隔間的活動式衣櫥，若想當作牆壁劃分空間，不妨與家裡的人商量看看吧。

利用 書桌 或 書櫃 來分隔空間

如果是正面有抽屜的書桌，那麼背對背擺置就能輕鬆完成隔間了！書櫃背對背併排在書桌旁邊也不錯。

Q 和室也能布置出一個
漂亮的房間嗎？

A 採用咖啡廳風格
就能布置出復古可愛的氣氛！

就算是和室，也不要放棄布置出漂亮房間的機會喔！只要掌握重點，照樣能夠營造出可愛的氣氛。值得推薦的，就是善用木頭散發的氛圍把房間布置成咖啡廳風格。與其使用各種繽紛的色彩，不如用色簡單一點，這樣感覺會更棒！

BEFORE 原本以為
和室無法布置出
一個可愛的房間……

改變Point 1

**只要遮住面積最大的地方
整個氣氛就會不一樣**

和室中面積最大的地方就是榻榻米與壁櫥。只要在榻榻米上鋪張地毯，或者挑一塊圖案漂亮的布來掩飾壁櫥，這樣就能淡化和室的氣氛。

改變Point2

**木頭搭配綠色
堪稱絕配！**

和室的紙拉門以及柱子都是以木頭爲材質，適合搭配木製家具。因此我們只要在簡單的木製家具上加些綠色，就能布置出一個洋溢自然氣息、樸素簡潔的房間。

AFTER 利用天然材質的家飾品
及綠色植物讓房間煥然一新！

在紙拉門的木框上掛些綠色裝飾品，整個感覺就會變得不一樣！

壁飾及牆壁掛勾架設在視線上方的話，這樣就會忘記榻榻米的存在了！

地毯及家具適合以白色為底色的圖案

榻榻米上也可以鋪地毯

 ADVICE

只要改變布置方法，
和室也能變成時尚空間

除了西方風格，享受溫暖日式氛圍的布置方式也值得推薦。像是擺上一張矮桌，一張矮沙發，也就是善用榻榻米這個需要坐在地板上的獨特風格，這樣就能布置出一個舒適的空間。

Q 房間要怎麼布置
才能讓朋友讚不絕口呢？

A 毫不做作的布置
及細心非常重要

第一個就是先把房間整理乾淨！東西要是四處亂丟，朋友來玩的時候怎麼會能放輕鬆呢？另外，我們還要想一下怎麼讓朋友在這裡過得舒適。拿出來的室內拖鞋及抱枕若是可愛，一定會讓朋友讚不絕口的！

朋友到來5分鐘前的
整理檢查項目！

- ☐ 地上有沒有垃圾？
- ☐ 垃圾筒裡的垃圾倒了嗎？
- ☐ 書桌以及其他桌子乾淨嗎？
- ☐ 睡床有沒有整理好？
- ☐ 房間有先通風嗎？
- ☐ 廁所及洗臉台乾淨嗎？

討友歡心Point 1

利用舒適芳香
來迎接客人

房間給人的印象也會隨著香氣而改變。只要在房裡擺個室內芳香劑，經過時飄來一陣淡淡清香，這樣就能在客人心中留下一個好印象。

討友歡心Point2

充滿回憶的照片
也能製造話題！

我們也可以在房裡擺幾張朋友或家人的照片。朋友來家裡玩時房間裡若是有與他們的合照，對方就會覺得自己備受重視，心裡頭說不定會更開心喔！

如果是這樣子的房間，就能擁有快樂時光了。

討友歡心Point3

**有張側邊桌
會更方便喔！**

和朋友一起吃點心或喝茶的時候有張桌子會比較方便。要是沒有桌子，那就用小圓椅代替吧！

討友歡心Point4

**朋友坐的地方
要擺個柔軟抱枕！**

先想一下要請朋友坐在哪裡。如果是坐在睡床上，那麼就要鋪上一層床罩，這樣就不用擔心床會弄髒。如果是坐在地板上，抱枕或坐墊準備一下會比較好喔！

管家的小小煩惱諮詢室

管家會簡明扼要地回答有關整理房間的疑難雜症！

From：小柚
主旨：會太花俏嗎？

之前說過「房間的顏色最多三種」，我想要在房間裡掛上衣服裝飾，可是我的衣服都五顏六色的，根本就超過三種顏色了。

先看看妳是以什麼爲優先考量。如果是以方便好拿爲主的話，那麼裝飾的時候就不需在意3個顏色這個規則。如果是以整齊大方爲優先考量的話，那麼將衣服收起來會比展示收納來的好喔！

From：P醬
主旨：爲什麼會這樣呢～？

我已經裝了隔板，但房間爲什麼看起來還是不美觀呢？

這個問題很難回答，有可能是品味問題……要不要參考第124頁的顏色組合呢？

有人問「房間要是布置的很可愛，會不會成爲萬人迷呢？」

我是不清楚會不會成爲萬人迷，但我覺得應該會成爲個人魅力之一。

Lesson 4

不會再讓房間亂七八糟了！

保持整齊
維護清潔

好不容易把房間整理乾淨了，
可是過沒幾天就被打回原形……
這樣不是很可惜嗎？
所以我們要養成打掃的習慣，
成爲一個人人稱讚的好女孩！

哇，好漂亮的房間喔♡
謝謝妳請我來！

下次要不要來我們家呢？
我們來辦個睡衣派對吧！

真帆家嗎？
我想參加睡衣派對！

凱琳小姐
真的長大了……

不對，
等一下……

她還沒養成
保持整潔的習慣呢！

直接讓她外宿的話
可能會出糗，

看來要在她外宿
之前，來個特別
訓練，養成保持
整潔的習慣！

訂下整理房間的規則

如何不讓房間一團亂呢？

朋友稱讚我房間很乾淨耶！
房間要是整理得好，心情就會舒暢，
一切的付出是值得的！

沒錯。
既然這麼辛苦把房間整理好，
當然要好好維持下去！

另外再養成每天整理的習慣

不管房間整理得有多乾淨，生活方式要是不改，過沒多久一定又會一團亂。所以我們要重新檢視自己的生活習慣，好讓房間保持乾淨。只要遵守下面這3個規則，維持整潔絕非難事！

下一頁我們會為大家詳細說明這3個規則。

維持整潔的3大規則

規則 1　拿出來的東西要記得收

規則 2　決定打掃時間

規則 3　東西變多就重新整理

貫徹「拿出來的東西要記得收」

大家還記得我們的房間為什麼會一團亂嗎？因為東西太多，還有忘記收東西吧！（請見第28至29頁）東西經過一番整理變少之後，再來就要檢討忘記收東西這個不良習慣。東西拿出來之後一定要物歸原位。整理的時候我們可以想一個簡單的方法，這樣就能養成隨手物歸原位的習慣。

只要做到這一點，基本上房間就能隨時保持整潔囉！

想個辦法讓收拾變得更簡單

辦法 1

固定在某處做事

不管是讀書還是手作，需要把東西整個攤開來用時，只要事先決定「要在這個地方做」，這樣就能慢慢養出整理收拾的習慣，東西說不定也不會失蹤找不到喔！

辦法 2

收納區要花些巧思 讓自己容易維持下去

基本上進行作業的地方附近要是有一個角落能夠用來收拾東西或者擺放掃除用具，收東西的時候就會比較方便。大家可以多多嘗試，盡量從中找到一個適合自己、方便實用的整理系統。

辦法 3

垃圾筒 方便實用為佳

想要維持整潔，隨手丟垃圾這件事也不能忽略。要是覺得有蓋子的小垃圾筒不好用，那就擺個開口大一點，可以裝多一點垃圾的方形垃圾筒。

決定一天的「打掃時間」

「睡前一定要把房間整理乾淨。」一天一次也沒關係，但是一定要擠出時間整理房間。要是能在一天結束之前把房間整理乾淨的話，隔天就能心情舒暢地開始新的一天。

> 晚餐前若是要補習，那就自己找一個適當的打掃時間吧！

早上整理好的話……

回家後就會心情舒暢！

睡前整理好的話……

早上起床後就會心情開朗！

定期看到「東西變多就重新整理」

只要時間一過，東西當然就會增加。另外，隨著成長，需要的收納空間以及房間的使用方法也會跟著改變，所以我們一定要定期淘汰東西，千萬不要想著「改天再說……」，絕對要定一個篩選物品的具體時間。

利用新東西增加這個時機來淘汰手邊的東西會比較有效率喔！

淘汰 收納物的 絕佳時機……

學期結束時

只要學期一改變，新的教科書及學用品通常都會增加，所以這是一個檢查書桌周圍以及學習用品的最佳時機。只要好好整理，就能順利迎接新學期的到來。

換季時

收納衣服的裝扮區可以趁換季這個時候整理出「要穿」與「不要穿」的衣服，這樣比較有效率，同時也能明確知道要不要買新衣服，有效阻止浪費。

重要節日來臨之前

生日、聖誕節、過年等重要節日通常會收到禮物或是大量採購。要是覺得自己可能會買東西或是收到新東西時，一定要先確認有沒有地方可以收納，這樣就不用擔心東西會到處亂丟了。

養成打掃房間的習慣

打掃呀……
我都交給管家爺爺負責耶……（汗）。

我想也是……。
但是把房間布置得這麼可愛卻布滿灰塵，
這樣豈不是前功盡棄？
想要布置出一個完美的房間，那就要打掃喔！

養成掃除習慣，提升女孩魅力！

打掃其實好處多多！因為房間整理乾淨之後，整個人會變得神清氣爽。不儘如此，自己動手打掃的話還會注意到一些細節，更懂得要如何珍惜身邊的事物，可見打掃習慣一定能讓我們展現女孩的魅力！

一口氣把房間打掃乾淨並不容易，所以我們乾脆分 3 個階段來進行吧♪

打掃分成 3 階段

1　天天「隨手打掃」，保持清潔

2　每週「認真打掃」一次，心情舒暢

3　半年「大掃除」一次，輕鬆愉快

⭐ 1 養成天天「隨手打掃」的習慣

> **這麼做就可以了！**
> ☐ 收東西時順手擦一下
> ☐ 坐下來時隨手黏一下

如何順便擦一下

收東西的時候
稍微擦一下書桌或書櫃

當我們在整理書桌或是把放書回書櫃時就可以順便擦一下灰塵，清一下汙垢。只要養成這個習慣，灰塵就不會四處密布喔！

有了它會更方便

用溼紙巾代替抹布來擦也可以！在伸手可及的地方放一包。

橡皮擦屑用迷你掃把清乾淨。

如何隨手黏一下

地板上有垃圾時要馬上清

另一個格外顯眼的就是地板上的小垃圾。記得盡量培養出看到垃圾就掃一下的習慣。

有了它會更方便

房間如果是木頭地板，那就準備一支可以隨時拿來擦地的平板拖把。

地毯或床上若是有小垃圾，那就用隨手黏滾一下吧！

2 每週「認真打掃」一次就可以了

這麼做就可以了！	□ 灰塵要擦乾淨 □ 用吸塵器吸地 □ 角落要清乾淨

先把灰塵擦乾淨

上面的灰塵先清乾淨

「認真打掃」時所有家具都要用抹布擦過一遍。灰塵通常都會往下掉，因此當我們在打掃時，需要先上後下。清灰塵的時候要記得打開窗戶，保持通風，然後再從高處依序往下清掃。

有了它會更方便

整支毛茸茸的除塵撢非常適合用來清理縫隙間的灰塵。

灰塵清好之後再用吸塵器吸一次吧！

160

如何使用吸塵器

吸塵器不須用力
慢慢往前推就好

吸塵器要從房間角落開始吸。當吸塵器的吸頭吸住地板時，只要慢慢推拉，就能把垃圾及碎屑吸起來了。

T 字型吸頭吸力最強的地方在正中央，因此來回吸地時要有 1/3 的地方重疊。

吸地時可別忘記這些地方！

睡床及書桌下要記得

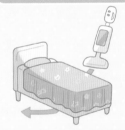

椅子等可以移動的家具先搬開，桌下當然也要吸地。至於床底下則是將吸塵器可及之處打掃乾淨，吸不到的地方就用平板拖把掃乾淨。

角落用縫隙吸頭

灰塵非常容易囤積在房間角落，因此用縫隙吸頭會比用 T 字吸頭來得好清理。

沙發及椅縫也要順便吸乾淨

椅背及椅縫之間非常容易囤積灰塵，要用縫隙吸頭清理。

最後要檢查小角落！

平常我們不太會注意的地方同樣也
會囤積灰塵或是沾上汙垢，特別是
高於自己視線的地方往往讓人忽
略，因此每週一次的認真打掃一定
要把這些地方擦乾淨喔！

以客人的立場來看，
有灰塵及髒汙的地方
確實會讓人在意。

越不起眼的地方
越要擦乾淨！

收尾的擦拭工作

☐ 電燈開關髒不髒？
　電燈開關有時會因為手垢而變黑，而突出牆面的
　地方也非常容易囤積灰塵，這些都要注意喔！

這裡！

☐ 門把乾不乾淨？
　這是我們經常觸碰的地方，因此要檢查有沒有沾
　上手垢。

☐ 窗框有沒有堆滿灰塵或沙子？
　就算窗戶關得緊緊的，細砂照樣會跑進來，所以
　要每週擦一次窗戶。

這裡！

☐ 踢腳板有沒有囤積灰塵？
　踢腳板（又稱踢腳線）是地面與牆面交接處的板
　子。這塊板子上面也非常容易囤積灰塵喔！

★ 3 最好每半年「大掃除」一次

平常要是沒有時間打掃窗戶或牆壁，那就趁大掃除的時候好好清一下吧！每天的「順手打掃」以及一週一次的「認真打掃」如果有做，那麼大掃除的時候應該就會更輕鬆。若能選在夏天及冬天的時候大掃除更好。

大掃除要清理的地方

窗簾
及窗簾軌道
窗簾要清洗，窗簾軌道的灰塵清乾淨之後要用溼抹布再擦一次。

擦窗戶
清潔窗戶的方法，可以用玻璃清潔劑，也可以用溼抹布擦，但是最後一定要把水分擦乾淨。
※為了擦二樓以上的窗戶而爬到窗外是一件危險的事，所以要請家裡的人幫忙。

擦牆壁
乍看之下好像很乾淨，但其實比我們想像的還要髒的地方就是牆壁。清牆壁時我們可以將除塵紙裝在平板拖把上，由上往下擦。只要把牆壁擦乾淨，房間看起來就會更明亮。

公共區域要好好使用

什麼……？打掃公共區域不是管家爺爺和媽媽的事嗎？

您在說什麼呀！？
既然是全家人生活的地方，
當然要大家一起整理囉！

也是，你說的沒錯。
其實我也是這麼想的啦（汗）。

記住要「隨處保持整潔」

若要養成保持整潔的習慣，除了自己的房間，我們還要提醒自己「隨時隨地注意整潔」。我們的目標不是（也不用特地）打掃，而是「好好使用」。不管人在哪裡，一定要堅守「自己用過的東西自己整理」這個原則，這樣全家人的生活才會舒適。

我們要養成一個習慣，那就是確認東西或地方在自己用過之後有沒有變髒。接下來就讓我們按照場所一一介紹需要確認的項目讓大家參考看看。

[Living check!]

家裡的人都會把一些東西拿到客廳來，自己的東西要
是用好了，那就再帶回自己的房間吧！

☐ 遙控之類的東西
　要整齊放在一起
和家人一起決定遙控
器的擺放地方，用過
之後要物歸原處。

☐ 自己的東西有沒有亂丟？
東西用過之後就放回原處。要是
常在客廳做自己的事，那麼就為
自己的東西找個地方收納吧！

☐ 桌子及沙發上有
　沒有掉垃圾？
自己製造的垃圾當然
要自己丟！

☐ 抱枕有沒有弄整齊？
抱枕形狀要弄好，還要排
列整齊，這樣客人來的時
候就不會手忙腳亂了！

[Kitchen&Dining check!]

大家喝完茶或喝完水之後杯子有沒有亂丟呢？只要稍微沖洗，放回原處，家裡的人就會更高興喔♪

☐ 食物及飲料
　要放回冰箱

從冰箱拿出來的東西要記得放回去冰。

☐ 餐具收回原位了嗎？

用過的餐具洗好之後要是能順便擦乾、放回原處的話，那麼妳就是滿分乖女孩了！

☐ 自己用過的餐具
　自己洗

餐具用過之後馬上洗是基本原則！因為放的越久，油膩的汙垢就越不容易洗乾淨。

☐ 餐桌上有沒有
　掉剩菜呢？

用完餐之後稍微擦一下桌子，讓桌面清潔溜溜！

☐ 學校要用的東西
　都準備了嗎？

要帶去學校的水壺以及餐具也要自己洗。明天的準備也要自己來喔！

[Bathroom check!]

為了避免朋友來家裡過夜時尷尬，
家裡的浴室也要好好保持整潔喔！

☐ 浴缸的蓋子
　有沒有蓋好？

浴缸要蓋上蓋子，
以免熱水冷掉。

☐ 蓮蓬頭等開關有
　沒有關好？

確實檢查出水口有沒
有滴滴答答地漏水！

☐ 牆壁及地板上的泡沫
　有沒有沖乾淨？

牆壁及地板用蓮蓬頭簡單
地把泡沫沖乾淨。

☐ 熱水裡有沒有殘
　留髒汙？

檢查熱水裡有沒有頭
髮！泡澡水要為下一
個人保持乾淨喔！

☐ 臉盆及椅子
　也要放好

東西要擺好，不要給
人用過都不收的印象。
臉盆要倒過來放。

☐ 洗髮精有沒有歸
　回原位？

洗髮等瓶瓶罐罐用過
之後要放回原處。
瓶身若是滑滑的，就
要把它沖乾淨。

Washroom check!

水花容易四處飛濺,所以要好好檢查水滴!鏡子要是也能擦乾淨,心情就會更加舒暢喔!

□ 鏡子上有沒有殘留水滴?
刷牙或洗臉之後,水花通常會四處飛濺,所以一定要檢查喔!

□ 用過的東西有沒有放回原位?
牙刷、漱口杯以及洗面皂的位置要固定,用過之後一定要放回去。

□ 水龍頭
　有沒有關緊?
要好好確認水有沒有滴下來。

□ 最後再檢查一次
　地板上的頭髮
掉在地板上的頭髮也要丟到垃圾筒裡。用過吹風機或是梳過頭髮之後一定要留意喔!

□ 洗臉台上有沒有水滴
　或頭髮殘留?
洗臉台用過之後要盡量把髒汙沖乾淨,接著再把周圍的水滴擦乾, 並把頭髮丟到垃圾筒裡。

□ 毛巾要拉整齊
手擦乾之後毛巾要拉好,方便下一個人使用,不可以皺成一團!

Toilet check!

「隨時保持整潔」，體貼下一個人。

□ **有沒有水滴殘留**
廁所裡的洗手台比較小，水花容易四處飛濺，所以洗完手之後要把周圍的水滴擦乾。

□ **地板髒不髒？**
有沒有殘留水滴或頭髮？

□ **毛巾有沒有拉好？**
擦過手之後毛巾要拉整齊。

□ **拖鞋要擺整齊**
離開廁所之後拖鞋要擺整齊，方便下一個上廁所的人穿。

□ **衛生紙用完要補**
補衛生紙這件事是用完的人要負責的工作！而在客人來家裡之前，一定要先確認剩下的衛生紙夠不夠用。

□ **馬桶髒不髒？**
馬桶用過之後要稍微擦過，還要確認有沒有沖乾淨。

玄關是整個家的門面！所以我們要隨時保持整潔，這樣客人來的時候就不用手忙腳亂了。

☐ 沒有在穿的鞋子
收起來了嗎？

玄關這個地方最好都不要擺鞋子。要是覺得不方便，那擺一雙就好，並且還要放在玄關角落。

☐ 拖鞋要放固定位置

室內拖鞋平常也要收起來，而且最好放在只要客人來就能立刻拿出來的地方。

☐ 雨傘收在傘架裡

即使是下雨天，雨傘上的水滴也要盡量不帶進玄關。

☐ 看到泥巴簡單掃一下

玄關要是帶進泥巴，就要立刻拿起掃把掃乾淨，而且掃把最好放在隨手可拿的地方。

☐ 鞋子要擺整齊

就算是自己家也要遵守禮節，把脫下的鞋子擺整齊。

Let's try!!

試著幫忙做家事

對了，您幫忙做過家事嗎？

沒有耶。照這個流程來看，莫非……？

沒錯！讓我們試著幫忙做家事吧！
不要嫌麻煩，因為我們幫忙做的家事
都是一些生活中非做不可的事。
只要從現在開始慢慢習慣的話，
日後遇到就不用怕，
而且家人也會很開心，算是一舉兩得喔！

也是啦。公共區域檢查之後
其實也是可以順便打掃的……。
那我就試試看吧！
沒有一件事可以難倒我的！！

幫忙做家事的心得

既然是家中一員，
就要**幫忙**做家事

持續下去很重要

下一頁要介紹我們可以
幫忙的家事。
那要從哪一件開始呢？

幫忙看看吧！
做家事

丟垃圾

等級 ★

丟垃圾之前最重要的一件事就是整理垃圾。整理家中垃圾的同時，我們還要順便把新的垃圾袋套在每一個垃圾筒上，這也是幫忙做家事的其中一環。

步驟是……

1 整理家裡的垃圾
▼
2 垃圾筒套上新的垃圾袋
▼
3 把垃圾拿去丟

注意垃圾要分類

垃圾可分為一般垃圾、資源回收物、廚餘等三類，其中資源回收物和廚餘都是可以回收的，我們可以先了解一下資源回收物是如何分類的。

資源回收物的類別

鐵、鋁類	玻璃類	資訊物品類
紙類（含鋁箔包）	塑膠類	輪胎類
乾電池類	鉛蓄電池類	照明光源類
機動車輛	農藥廢容器	電子電器類

回收、垃圾分類回收標誌

回收標誌

垃圾分類回收標誌
第一類 PET

垃圾分類回收標誌
第二類 HDPE

垃圾分類回收標誌
第三類 PVC

垃圾分類回收標誌
第四類 LDPE

垃圾分類回收標誌
第五類 PP

垃圾分類回收標誌
第六類 PS

垃圾分類回收標誌
第七類 OTHER

資料來源：行政院環境保護署網站

幫忙看看吧！
做家事

吃完飯之後就順手

洗碗盤  等級 ★★

除了自己的碗，我們不妨也挑戰幫家人洗碗吧！碗盤上的油垢通常不容易清洗乾淨，因此我們可以先用廚房紙巾擦過一遍再清洗。沖水時要盡量沖乾淨，免得油膩膩的感覺及洗碗精的泡泡殘留在餐具裡。

步驟是……

1 碗盤的油汙擦乾淨
▼
2 用洗碗精清洗
▼
3 沖水洗淨

幫忙看看吧！
做家事

和家裡的人一起

下廚房  等級 ★★★

想要幫忙下廚，那就一邊和家裡的人學煮菜，一邊增加自己能做的事吧！除了切菜、炒菜，洗菜等簡單的工作也是烹飪的一環，不可以只挑喜歡的事情來做喔！

幫忙一部分的事情也可以喔！例如洗米或擦桌子。

幫忙看看吧！
做家事

自己的東西整理好之後順便幫忙

摺衣服

等級 ★★

全家人衣服洗好、摺好之後再收到櫃子裡。這件家事雖然有點花時間，但是下課回到家之後要是有空就能夠順手幫忙了。摺衣服的時候要是能順便按照收納場所分開的話，收拾的時候會更輕鬆。

步驟是……

1 曬好的衣服收起來

▼

2 摺衣服

▼

3 收拾摺好的衣服

幫忙看看吧！
做家事

檢查過後就順便

打掃公共區域

等級 ★★★

客廳、浴室、廁所以及玄關等，也就是自己房間以外的地方也可以試著幫忙打掃。剛開始我們可以先鎖定一個地方，或者決定自己負責的打掃區域。至於要怎麼打掃才會輕鬆，從平常的使用方式來思考說不定就能得到答案。

每個家庭的打掃方式各有不同，所以剛開始不妨問問家裡的人怎麼打掃吧！

自己到底棒不棒呢？

打掃 & 做家事 能力檢查表

要是能夠幫忙打掃或做家事，就能提升自己的「好棒程度」！既然如此，那就讓我們來檢查一下自己平常究竟做了多少事。只要將勾選項目的分數加起來，就能知道妳的「好棒女孩程度」喔！

檢查打掃能力

☐ 自己的房間隨時都很乾淨……10 分

☐ 自己用過的東西都會歸回原位……5 分

☐ 洗完澡之後會先把浴室整理乾淨再出來……15 分

☐ 鞋子與拖鞋一定會擺整齊……10 分

☐ 學校要用的便當盒及水壺會自己洗、自己準備……15 分

檢查幫忙做家事能力

☐ 每天都有自己的工作（家事）要做……5 分

☐ 家裡的人拜託的家事會好好做……10 分

☐ 會主動幫忙，不需別人說……15 分

☐ 廁所以及浴室可以自己打掃……15 分

妳的
好棒女孩程度 ☐ 分

分數越高就越棒喔！

朋友來家裡時的
招待&住宿禮儀

接下來要告訴大家
邀請朋友到家裡來
或是受邀到朋友家作客時有
一些要先牢記在心的禮節！

假日外出 打扮風格 Check!

享受有別於學校制服的 漂亮裝扮樂趣☆

配合場合穿衣服是打扮的基本原則！既然要去朋友家，那就要打扮得漂亮一點。這樣說不定可以得到朋友媽媽的歡心呢♪

戴點小首飾，提高亮眼度！

受邀到朋友家時要記得帶伴手禮。但是要另外裝袋，可別塞進包包裡。

既然要去朋友家，那就一定要穿上乾淨的鞋子與襪子！

除了自己的房間。 廁所及洗臉台也要檢查！

朋友難得來家裡玩，當然會希望對方過得開心。所以我們不僅要打掃自己的房間，朋友可能會用到的地方，例如廁所或洗臉台都要自己打掃乾淨喔！

玄關的話……

□ 家人的鞋子要收起來
□ 泥沙要清掃乾淨
□ 為客人準備室內拖鞋

自己房間的話……

□ 要先打掃乾淨
□ 朋友若是要過夜，
　棉被就要先曬過

其他地方的話……

□ 廁所及洗臉台要清理乾淨
□ 擦手的毛巾要更換
□ 想要保有隱私的房間要關門

SUMMER

待客禮節 II
宴客點心自己準備吧

朋友喜歡的點心擺得可愛一點

準備點心時我們可以先問朋友喜歡什麼。自己如果擅長做點心，親自爲朋友做也不錯！端上桌子之前稍微花點巧思，擺盤弄得可愛一點、特別一點的話，相信朋友看了一定會更開心喔！

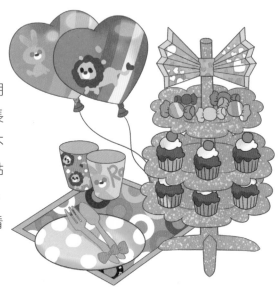

若是收到伴手禮……

如果是吃的或喝的，那就大家一起享用吧！

朋友若是帶伴手禮來，收下時記得說聲「謝謝」，並且告訴家裡的人。如果是餅乾蛋糕類，那就分裝一些在盤子裡，與朋友一起享用！

朋友回家的時間也要幫忙留意喔

我們常常會玩到忘記回家的時間。不過玩到正開心時,有的朋友反而會不好意思開口說「我該回家了」。所以剛開始我們不妨先問對方「可以待到幾點」。等時間到了,再提醒朋友「已經這個時間了喔」。朋友回家時要記得陪她到門口,好好送客。

朋友回家之後……

檢查有沒有東西忘記帶走

朋友回家之後要馬上檢查房間,看看對方有沒有東西忘記帶。要是朋友忘了東西,就可以立刻衝出家門追上去,物歸原主了。要是朋友已經離開一段時間,那就先聯絡對方,並且告訴她何時物歸原主。

有沒有忘記這些東西呢?

☐ 上衣
☐ 帽子
☐ 手機
☐ 手錶
☐ 書或文具
☐ 雨傘

外宿禮節 I
過夜用品要準備充分！

準備齊全，以防萬一

受邀到朋友家過夜時，第一要先徵得家人同意，並事先說明朋友家在哪裡、電話號碼多少，這也是一項重要的準備工作。下表列出的是最基本的外宿用品。就算日子還沒到，生理用品也要準備。

> 外宿用品
> check！

外宿必備物品清單

★洗澡組★

☐ 毛巾
☐ 睡衣
☐ 內衣褲
☐ 裝髒衣服的袋子

★洗臉組★

☐ 毛巾
☐ 洗面乳
☐ 牙刷組
☐ 梳子＆髮圈等等

★其他★

☐ 隔天要穿的衣服
☐ 生理用品
☐ 摺疊傘
☐ 錢包
☐ 手機
☐ 手帕、面紙
☐ 伴手禮

最好收到另外一個袋子裡，例如側背包。

整理行李的訣竅

按照使用場合整理過後依序裝袋

在將小包包裝入行李袋之前，我們要先想一下這些東西的使用順序，再按照行程依序裝袋，例如隔天才會拿出來穿的衣服放到最下面，晚上應該會立刻用到的洗澡組就放在最上面。

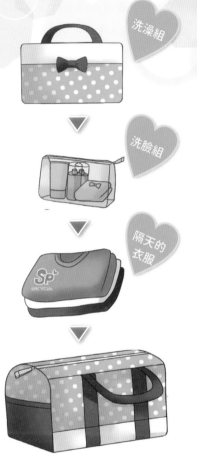

洗澡組

洗臉組

隔天的衣服

錢包、手機、手帕等東西放到小背包裡

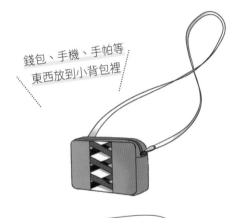

帶什麼伴手禮好呢？

朋友家人會喜歡的東西

所謂的伴手禮，是為了向讓我們借宿一晚的朋友家人表達「謝意」而送給對方的小禮物，所以一定要按照人數來準備。這時候不妨選擇可以大家一起享用的點心。

sweets shop

遵守朋友家中規則

即使到了朋友家，也要保持整潔喔！

再怎麼要好的朋友，既然到人家家裡作客，那就要好好遵守禮節，這一點很重要，尤其是下列這 3 點大家一定要嚴格遵守。另外，每個家庭都有自己的規則，所以我們要記得先向朋友確認使用方法以及需要整理的地方喔！

用過之後一定要恢復整潔

除了公共區域，朋友的房間也要一起整理。蓋的棉被摺好之後要記得靠邊放。

不要亂闖別人的房間

沒事不要進別人的房間，這是基本禮節。要上廁所或使用洗臉台時也要先說一聲。

不要太過吵鬧

不管有多開心，絕對不可大聲吵鬧！尤其是晚上會有回音，太吵或腳步聲太大都會造成鄰居的困擾。

外宿禮節 III
對朋友家人要有禮貌

**與朋友家人
也要稍微聊天喔！**

到人家家裡過夜的時候如果只知和朋友聊天，完全忽視朋友家人，這會是一件非常沒有禮貌的事。所以我們一定要好好打招呼，人家問問題就要回答，說來或許理所當然，但卻非常重要喔！

對待朋友家人的禮節 1

打招呼時聲音要宏亮！

進入人家家裡時要說「打擾了」，吃飯的時候要說「那我開動了」、「謝謝你們的招待」，睡覺時要說「晚安」。這些基本招呼一定要說喔！

對待朋友家人的禮節 2

能幫忙的事就自己來

不管是準備餐點、擺放餐具、洗碗，還是摺棉被，只要是自己能做的，我們就盡量自己來。但有時候別人家的方法可能會不太一樣，所以最好先問過朋友家人作法之後再來幫忙。

對待朋友家人的禮節 3

不要忘記「謝謝」對方

朋友家人幫我們做事的時候一定要說聲謝謝。外宿後回到自己家時，可別忘記打電話謝謝人家喔！

知識館011

生活素養小學堂①小學生的整理收納術

めちゃカワMAX!!
小学生のステキルール整理整とんインテリアBOOK

監	修		宇高有香
譯	者		何姵儀
責 任 編 輯			陳鳳如
封 面 設 計			張天薪
內 文 排 版			李京蓉
童 書 行 銷			張惠屏・侯宜廷・林佩琪・張怡潔

出 版 發 行	采實文化事業股份有限公司
業 務 發 行	張世明・林踏欣・林坤蓉・王貞玉
國 際 版 權	施維真・王盈潔
印 務 採 購	曾玉霞・謝素琴
會 計 行 政	許俽瑀・李韶婉・張婕莛
法 律 顧 問	第一國際法律事務所　余淑杏律師
電 子 信 箱	acme@acmebook.com.tw
采 實 官 網	www.acmebook.com.tw
采 實 臉 書	www.facebook.com/acmebook01
采 實 童 書 粉 絲 團	www.facebook.com/acmestory

I S B N	978-626-349-362-9
定 價	380元
初 版 一 刷	2023年8月
劃 撥 帳 號	50148859
劃 撥 戶 名	采實文化事業股份有限公司
	104 台北市中山區南京東路二段 95號 9樓
	電話：02-2511-9798　傳真：02-2571-3298

國家圖書館出版品預行編目(CIP)資料

生活素養小學堂①小學生的整理收納術/宇高有香監修；何姵儀譯. -- 初版. --
臺北市：采實文化事業股份有限公司, 2023.08
　面；　公分. -- (知識館；11)
譯自：めちゃカワMAX!!小　生のステキルール 整理整とんインテリアBOOK
ISBN 978-626-349-362-9(平裝)

1.CST: 家庭佈置 2.CST: 通俗作品
422.5　　　　　　　　　　　　　　　　　112009982

采實出版集團
ACME PUBLISHING GROUP
版權所有，未經同意不得
重製、轉載、翻印

小学生のステキルール 整理整とんインテリアBOOK
SHOUGAKUSEI NO SUTEKI RULE SEIRISEITON INTERIOR BOOK
© SHINSEI Publishing Co.,Ltd. 2019
Originally published in Japan in 2019 by SHINSEI Publishing Co.,Ltd.,TOKYO.
Traditional Chinese edition copyright ©2023 by ACME Publishing Co., Ltd.
Traditional Chinese Characters translation rights arranged with SHINSEI Publishing Co.,Ltd.,TOKYO.through
TOHAN CORPORATION, TOKYO and KEIO CULTURAL ENTERPRISE CO.,LTD.,NEW TAIPEI CITY.

裝飾標籤

將喜歡的標籤剪下來，這樣就可以貼在抽屜或層架上了。背面的
圖案也相當可愛，夾進相框裡或者是用來做小東西也不錯喔！

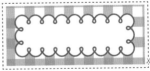

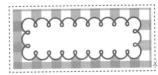

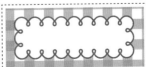

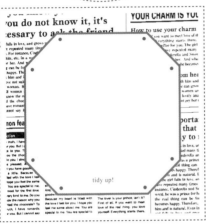

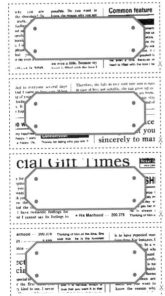

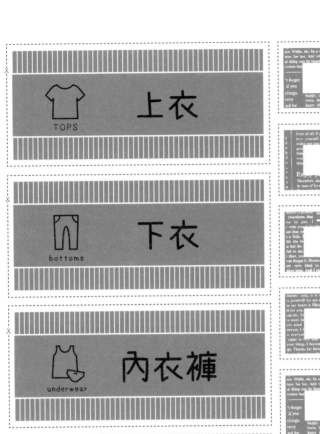

國語

數學

自然

社會

英語

其他

文具

文具